原创主题式综合实践活动

宋庆龄
阅读馆

科学主题探究

跟屁虫旅行记

探究主题：房屋

总主编 谷力

主　编：段定来　闵香玉

副主编：张宏霞　马　鸿　万珊珊

编　撰：段定来　张宏霞　闵香玉　马　鸿

　　　　万珊珊　张　静　徐　娟　程丽丽

　　　　王　玮　蒋云华　王雅婷　郭　青

V 中国和平出版社

图书在版编目（CIP）数据

跟屁虫旅行记：房屋 / 段定来，闵香玉主编. --北京：中国和平出版社， 2015.9
（科学主题探究 / 谷力总主编）
ISBN 978-7-5137-1067-1

Ⅰ．①跟… Ⅱ．①段… ②闵… Ⅲ．①建筑学－青少年读物 Ⅳ．①TU-49

中国版本图书馆CIP数据核字(2015)第229189号

科学主题探究　跟屁虫旅行记
（探究主题：房屋）

谷力　总主编　　段定来　闵香玉　主编

出 版 人：肖　斌
责任编辑：肖晓强　衡友增　徐小凤
封面设计：肖晓强
内文制作：率一创意
图片提供：北京图为媒网络科技有限公司
责任印务：石亚茹

出版发行：中国和平出版社
社　　　址：北京市海淀区花园路甲13号7号楼10层　（100088）
发 行 部：（010）82093753
网　　　址：www.hpbook.com
投稿邮箱：hpbook@hpbook.com
经　　　销：新华书店
印　　　刷：北京瑞禾彩色印刷有限公司

开　　本：710 毫米×1000 毫米　　　1 /16
印　　张：9.75
字　　数：200千字
版　　次：2015年9月北京第1版　　2015年9月北京第1次印刷

（版权所有　侵权必究）

ISBN　978-7-5137-1067-1　　　　　　　　　　　　　定价：30.00元

（本书如有印装质量问题，请与我社发行部联系退换）

专家顾问

张光鉴（中国思维科学学会筹备组组长，中国思维科学学科带头人）

陆 埮（中科院院士，天体物理学家，紫金山天文台教授，南京大学博士生导师）

杨启亮（南京师范大学教科院教授，南京师范大学课程与教学研究所所长）

郝金华（博士，南京师范大学教育科学学院教授，国家科学课程标准(3～6年级)研制项目负责人，教育部南京师范大学课程中心常务副主任）

谷 力（博士、研究员，南京市小学教师培训中心主任，中小学学生学习力研训中心主任）

董洪亮（博士，江苏省教研室主任）

丛书编委会

主 任：谷 力 肖晓强

副主任：(以姓氏笔画为序)

万代红 方明中 邓雪霞 曲 晶 刘海莉 刘 红 闵香玉 张宏霞

佴中琪 侯俊东 谢 英 衡友增

编 委：(以姓氏笔画为序)

丁 霖 马 田 马 鸿 万珊珊 卜传娟 王 玮 王雅婷 王惠芬 王 凌

毛海岩 尹晓影 吕旭东 朱洁云 刘 莹 刘 敏 刘 钰 刘 红 许淑俊

齐 琳 曲 晶 江腾飞 李 瑾 李晞峰 李筱静 李赛英 闵香玉 陈 晨

陈同非 陈守媛 陈莎莎 陈钰婷 杨 玲 杨 聪 张 静 张宏霞 张 坤

张文清 张丽平 张曦娴 陆 垚 金 翊 武 捷 周建强 季涛花 骆 平

段定来 侯俊东 娄俊杰 邰丽莉 柳世清 徐 娟 许喆雯 徐华翔 徐小凤

倪 雷 倪晨瑾 袁润婷 郭 青 陶 克 唐晓勤 黄 庆 蒋云华 程丽丽

景 嫣 端木钰 蔡宏斌 潘文斌 潘淑婷 魏海婴

PREFACE
序言

谷力

　　20 世纪 90 年代以来，世界各国都推出了旨在适应新世纪挑战的课程改革举措，呈现出的共同趋势是倡导课程向儿童经验和生活回归，追求课程的综合化。新世纪来临，中国的中小学课程改革也积极推进综合实践课程。十多年来，国内的综合实践活动课程虽然取得了不少成绩，但是存在的问题也不少，其中之一就是综合实践活动教学缺少有效的综合课程。《基础教育课程改革纲要》中将综合实践活动课程内容设计为研究性学习、社区服务与社会实践、信息技术教育、劳动与技术教育等四个方面。由于缺少具体和可操作的课程引领，学校的综合实践课程教学并没有将这四个部分有机地整合，而是机械地将这四个部分安排在四个不同教学时段中分别教学。这种课程设计与教学过程，使得学生获得的知识和经验仍然是局部的，难以从中形成整体、综合的、有深度的、持续探究的经验和认识。因此，提高综合实践活动课程的综合性和有效性，研发相应的综合课程，的确是一个迫切需要探索和解决的问题。

　　小学生的认知规律告诉我们，儿童习惯于整体把握现象，而不容易感知和把握部分。分学科的教学或者分科的综合教学都割裂了知识之间的联系，使得小学生难以整体地把握这些分散的知识，因而也就难以感受到学习的意义和快乐。综合、整体的课程与教学适合于儿童的认知规律。近代著名儿童心理学家皮亚杰在其著作中，表达了对综合科学教学的支持。由于大多数学生在初等教育阶段处于发展具体操作的时期，在这一阶段的科学教育必须基于可识别的实物和事件上，而不是抽象思维，对实物和事件变化的研究不应该只局限于一个学科。

基于这一理论，从 2009 年春天以来，在 IBO 国际文凭学校的综合课程教学和南京市中小学学习力训练营实验的启示下，我提出了概念主题式综合实践活动课程的理念，并研制了《概念主题式综合实践课程框架》。经过与全市相关学校的合作研究，形成了一批以概念为核心的综合实践课程教材。目前，课题组通过研究实践，《汽车》和《手》的教师用书、学生用书于 2012 年首次正式出版。2014 年内，《汉字》《游戏》《口才》《财商》等概念课程的教师用书、学生用书也相继出版。该项目于 2014 年获得江苏省基础教育教学成果一等奖。

在该课程研发中，我们选择了多所学校参与，每一所学校都从本校学生熟悉的生活领域中选定了一个核心的探究概念。所有的课程均围绕这个核心概念，从概论、环境、科学、艺术、经济、社会、管理、使用、人与道德等九大子课程领域，延伸九条探索思维之路。这些概念的体验和探究课程为孩子们打开了多扇看风景的窗户，让孩子对世界、历史、精神的认识更丰富、更广阔、更深入。

每一项课程的确定，我们都根据项目学校学生所处生活环境、社会阅历、知识、经验基础而定。每一项课程的研发，都是各项目学校长期教育探索和教育实践的结果。比如，游府西街小学 70% 的学生家庭都拥有汽车，孩子对汽车非常熟悉，所以该校选择了《汽车》课程；凤游寺小学校园内有一个六足园，这是师生共同养育和研究蝴蝶的乐园，所以在长期的综合教育实践中，教师们研发了《蝴蝶》课程。

在我们探索研究之初，中国和平出版社就对本项目予以关注和重视，并计划与我们合作出版一批以科学主题探究为核心的、主题事件方式呈现的探索科学奥秘、提升学习力的青少年科普读物。2013年，在中国和平出版社肖晓强副社长和衡友增老师的指导和帮助下，我们进行了课程的二度研发创新。我们继承了原有以概念探究为核心的课程理念，改造和转化了原有概念探究的模式，形成了以主题事件方式展开的探究性学习的系列科普读物。该读物引导学生始终关注一个概念，从多个角度进行深度思考、探究学习。该课程不仅仅是学生科普的读本，也是学生探究概念奥秘、训练和提升思维能力的重要途径和载体。

该读物在编写设计上也做了很大创新。我们将原有板块式的编写模式，改变为以探究主题为核心的故事主线，将抽象的概念学习转化为具体的事件学习过程，通过经历鲜明主题的相关事件过程，使学生获得感性与理性经验，将学生带入了一个接近真实的生活情境之中，在这些事件情境中去探索、学习、思考，生成事件记忆。事件赋予学生学习活动的意义，事件的情节构成了学生认知的系列情境。然后，每一个学生个体在事件过程中都须独立地经历感知、观察、想象、操作、思考、总结等思维过程，学生最终将所获得的具体感性经验上升为抽象的认识。

同时，该读物还增加了知识维度和操作维度，既满足了孩子追求故事情节的乐趣，又增加了读物的知识含金量和思维含金量，使可读性和益智性相得益彰。我相信，通过对《科学主题探究》丛书的阅读，孩子将进一步拓展视野、发展兴趣、激发梦想、提高科学思维能力，将为中学综合素质提升奠定良好的基础。

我为该丛书点赞！

"科学主题探究"微信公众号

出版者的话

这是一套原创的，集故事、知识、科学探究为一体的综合性科普图书；

这是一次将文学创作的感性和科学探索的理性相结合的独特探索；

这是一次教师和编辑、教学教研机构与出版机构密切合作，进行教育科普图书创作的有益尝试。

近两年来，在南京市小学教师培训中心谷力主任的组织和指导下，中国和平出版社的编辑和南京七所学校的老师紧密合作，共同策划编写方案，共同构思故事情节，共同确定知识概念，共同讨论探究活动，克服了重重困难。终于，《科学主题探究》丛书出版了。

该丛书共七册，每一册围绕一个科学主题，遵照一定的知识逻辑，通过故事主线，将科学主题的若干相关子概念串联起来，同时提供与生活体验密切相关的探究任务，让读者形成对主题的立体认识，同时实现丛书的核心使命——培养青少年的科学素养、科学思维。

这套书可用于青少年自主阅读探究，学校也可以作为综合实践活动课程的指导用书。该丛书的微信公众号将作为读者、编者、出版者之间的交流平台，并提供相关资讯。

我们希望通过这一尝试，积累经验，不断优化创作模式，同时聚集更多的优秀教育工作者和科普作家，一起开发更多、质量更好的科学主题探究科普图书。

期待您的加入！

欢迎您的加入！

2015 年 8 月

C目录
CONTENT

■ *1* 央视大楼获奖了   001

■ *2* 无梁也成殿   009

■ *3* 木头的微笑   017

■ *4* 粉黛一脉水相连   025

■ *5* 飞碟般的东方城堡   033

■ *6* 红砖白墙翘尾脊   041

■ *7* 宝岛悠游记   049

■ *8* 房屋也会排兵布阵   057

■ *9* 吊脚楼的传说   065

■ *10* 傣家竹楼水井塔   073

■ *11* 世界屋脊上的明珠   081

■ *12* 一路信天游之窑洞   089

■ *13* 大户人家   097

■ *14* 悬在空中的房屋   105

■ *15* 会走的房子   113

■ *16* 百年建筑之旅   121

■ *17* 帝王之都   129

■ *18* 未来房屋畅想曲   137

1 央视大楼获奖了

连续几天的大风终于停息，沙尘雾霾消失殆尽，蔚蓝的天空显得更加清澈纯粹，明晃晃的太阳给萧索的冬日增添了更多暖意。要不是背阴处地面上厚厚的冰块和光秃秃的树枝丫提醒，还以为置身于阳春三月。暖暖的阳光仿佛含着甜甜的香味儿，一把把地投射在这座充满了浓浓中国味儿的老城里。北京城的胡同多如牛毛，其中以有着几百年历史的南锣鼓巷最为著名。

小小的街道，比邻皇城，绿树成荫，屋舍俨然。宽阔的主巷道东西两侧各并列着八条胡同，一瞧就是典型的北京民居群落。在这儿，游人只是走马观花的"过客"，而一栋老屋、一个门墩儿，甚至瓦楞间的几蓬衰草才是真正的"主人"。我们故事的小主人——跟屁虫，正坐在自家古旧的门墩儿旁，拈一根枯黄的狗尾巴草，有模有样地看着报纸呐。

10岁的虫儿显得有京味儿，人小鬼大，活生生的一个"福娃"。不过，虫儿也有着自己的"潮"样儿——齐耳的西瓜头、圆溜溜的大眼睛上架着一副小眼镜，还有那比同龄孩子都矮上一截的小个儿，看起来颇有几分小博士的味道。对了！还有他的大嗓门儿，据说能传到胡同儿的另一头哩。不信，

你听——

"爸爸！爸爸！快来快来！我们上次去看的大楼获奖啦！"胡同里传来虫儿稚嫩的童声。

"虫儿，你可别喊了，再喊都要传到那头儿的故宫去啦。"爸爸不慌不忙地从里屋绕到院子口，摸着跟屁虫的小脑袋，慢慢悠悠地说道。

"爸爸，你看，中央电视台新址大楼从60余个入围项目中脱颖而出，在世界高层都市建筑学会'2013年度高层建筑奖'评选中获得最高奖——2013年度全球最佳高层建筑奖。上次你还告诉我它叫'大裤衩'，怎么突然它就得奖了呢？"虫儿揪着爸爸的衣角，施展起了"死缠烂打"的功夫。

虫儿爸耐不住他的软磨硬泡，详细给他讲解了央视大楼的特点，最后说

全球最佳高层建筑奖

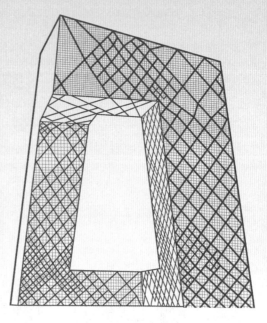

央视大楼由荷兰大都会建筑事务所、奥雅纳工程顾问公司、上海华东建筑设计研究共同设计，主建筑师是雷姆·库哈斯和奥雷·舍人。

央视大楼位于北京东三环中路，它的两座竖立的塔楼双向倾斜6度，在162米高处被14层高的悬臂结构连接起来，两段悬臂分别外伸67米和75米，且没有任何支撑，在空中合龙为L形空间网状结构，总体形成一个闭合的环。

中国传统文化对房屋形状最基本的要求为"中"和"正"。"中"是要求房屋建筑空间布局以轴线对称，"正"则是不能歪斜和奇

↑央视大楼结构示意图

道:"央视大楼的外形像一只被扭曲的正方形油炸圈,在建筑界尚属首例,但这也给施工带来了巨大挑战,例如怎样把百米高空中的悬梁折成直角的悬挑部分连在一起就是一大难题。所幸施工单位和设计单位团结协作,克服了重重困难,顺利竣工。"

"原来,房子的设计这么有讲究哇,以后我们全家都不许嘲笑'大裤衩'了。"跟屁虫撅着小嘴,一本正经的模样,逗得爸爸哈哈大笑。

"哈哈,傻小子,现在的房屋建设不再像过去那么规矩整齐啦,瞧咱家的四合院,方方正正、规规矩矩。回想一下之前咱们去参观的世博会,还记得那儿的建筑吗?有的建筑比大裤衩还离奇,你当时可都和它们照了相呐!"

"记得记得!都在电脑里存着呢!"小虫子一边高声回应着,一边以百

形怪状。而央视新大楼的设计既不符合中轴对称的原则,又犯了歪斜、奇形怪状之大忌。但是评审认为:央视大楼外观设计就是现今中国的缩影,大胆、创新、不羁和高度自信。就像一个迈开大步的巨人,这也正是当代中国的最佳写照。

↑央视大楼外观图

 活 动

你能用一次性筷子、牙签、线绳、胶水等材料,参照央视大楼结构示意图搭建一个央视大楼的模型吗?做一做。

米冲刺的速度飞奔进屋里。伴随着鼠标、键盘的"嗒嗒"声，一张张珍贵的照片出现在电脑屏幕上。

浏览完世博会的照片，还看了不少虫儿平时收集的世界著名创意建筑的图片。看着这一栋栋形态各异的大楼，虫儿和爸爸在电脑前一坐就是一上午，各式各样的房屋设计勾起了爷儿俩浓厚的兴趣。

虫儿情不自禁嘀咕着："这些建筑的设计真是奇妙独特。可惜只能看看，最多拍张照留个影。唉，要是能在里边住几天，亲身体验一下、感受一下，那该多好啊！"

爸爸听见了，眼珠一转，笑嘻嘻地对跟屁虫说："你们学校下个学期不是有一个'美丽中国我的梦'演讲比赛吗？你可以把这些奇特的房屋设计作

创意建筑外观设计

2010 年上海世博会中国国家馆宏伟壮观，由四根粗大方柱托起斗状的主体建筑，就像一个巨大的斗冠，又像宝鼎、酒樽，欢迎四方宾朋。它和地方馆组合在一起，表现出"东方之冠，鼎盛中华，天下粮仓，富庶百姓"的中国文化的精神与内涵。

英国馆的种子殿堂，由 60000 根透明的 7.5 米长的光学纤维构成，在每根光学纤维的顶端都放置了一颗种子。纤维顶端彩色光源发出的光，透过种子直达光学纤维，变幻出五彩光泽，给人们提供了一个安静的空间来思考世界上植物的起源。

↑中国国家馆

↑种子殿堂

↑模糊建筑

为演讲素材，讲述你的建筑设计梦。虫儿你看怎么样？"

"这个主意简直好极了！一定能帮我拿个好名次！"

"这么自信啊？你要是比赛得了奖，咱们暑假就来个房屋游，去看看全国各地的特色房屋，到里边去住一住，怎么样？"爸爸灵机一动，提出了"交易"的条件。

没料想，虫儿一听，差点儿从板凳上跳起来。只见他双手叉着小腰，昂起了小脑袋，吐了吐舌头，用他那标志性的大嗓门儿开心地说："爸爸！这可是你说的啊！这回你可输定啦！我一定好好准备，一定拿奖！君子一言——"

"——驷马难追。"

"成交！哈哈哈哈哈！"随着爷儿俩响亮的欢笑声与击掌声，这份两个

模糊建筑是瑞士为 2002 年世博会建造的，被描述为"湖上的可栖居的云状漩涡"。这座巨型建筑被一大块厚厚的水雾覆盖，水雾是由 31500 个独立的高压喷水管制成，并使它们长期悬浮在空中。

↑沃达丰总部大厦

沃达丰总部大厦位于葡萄牙波尔图，远看像折纸模型，近看像急速降落并变形的外星飞船。从外形来看称得上是一件充满野性的雕刻杰作，其时尚设计理念远远超出传统思维，不愧为现代建筑的经典之作。

↑德国不莱梅的宇宙科学中心

德国不莱梅的宇宙科学中心是一个现代科学博物馆，使用了 4 万块不锈钢，形状看起来像是一只露齿的鲨鱼，又像是一只微微张开的蚌。

 活 动

请收集一些世博会的建筑图片，了解一下这些建筑的设计风格、特点。说说你最欣赏哪个建筑的设计。

男人之间的"合同"可算是初步签下了。

　　不知不觉，太阳公公爬上了高空，圆圆的脸庞朝着大地，泛着刺眼的光。南锣鼓巷两侧的胡同对称得太美，这儿的人都称之为"蜈蚣巷"，说的是两边对称的胡同好像蜈蚣的两排爪子一样。此时此刻，无论是南锣鼓巷精致的门楼还是在两边延展出的"蜈蚣爪子"，都及不上眼前这一间不大的院子美丽。

现代设计思想

　　20世纪初，以科学与理性作为建筑思想的现代主义建筑蓬勃发展，将建筑推向了技术至上的道路。当时的建筑特点总体表现为：建筑形式单一，缺乏人情味，给人以工业化社会的冷漠感，缺少人文关怀，忽略人性，建筑没有地域性差别，文化传统缺失。20世纪60年代末，对于那时的建筑风格，建筑界出现了激烈的反对呼声，一批年轻的建筑师开始探索新的道路，一场反国际式风

↑伦敦万国博览会水晶宫（1851年）

↑伦敦万国博览会水晶宫（内部）

↑国家游泳中心（内部）

↑国家游泳中心（夜景）

　　院子东头的屋里，一对爷儿俩，正在详细勾画着一次神秘而奇妙的旅行……

　　10岁的跟屁虫能如愿跟着爸爸去旅行吗？他们又会见到什么样的房屋呢？太阳公公没有回答，只是笑眯眯地，继续把光和热洒向这座充满了浓浓中国味儿的老城。

格设计革命爆发。

　　20世纪90年代中期之前，房屋建筑外观的表现形式主要是通过外立面的颜色来体现的。随着其他材料的发明与运用，西方人不局限于石头的沉重和压抑，他们在伦敦万国工业博览会的英国馆（又称水晶宫）中首次运用了玻璃和钢材，这种轻快、透明的新房屋建筑形式迅速蔓延开来。今天，这种玻璃盒子房屋建筑在世界各个城市随处可见，是现代文明的象征。随后出现了金属房屋建筑，各种颜色的不同金属板材出现在房屋建筑中，散发出强烈的现代感和科技感。

↑ 国家体育场

↑ 国家体育场（近景）

 活　动

　　你找到上面这三座建筑物的共同点了吗？具有这种特点的建筑还有哪些？搜集一下它们的图片吧。

新中式建筑风格 ⌄

中国传统建筑主张"天人合一、浑然一体"，居住讲究"静"和"净"，讲究环境的平和与建筑的含蓄。无论是写意的江南庭院，还是独立组团的四合院，都追求人与环境的和谐共生，讲究居住环境的稳定、安全和归属感。

↑新中式庭院

新中式建筑在尊重中国人的传统居住习惯基础上，与世界融合，与现代中国人的生活融合。新中式建筑风格更多地利用了后现代手法，将传统的结

↑上海召稼楼古镇

↑菊儿胡同

构形式通过重新设计组合后，以另一种民族特色的标志符号出现。

在整体风格上，新中式建筑仍然保留着中式住宅的神韵和精髓。空间结构上有意遵循了传统住宅的布局格式，延续了传统住宅一贯采用的形制，但不循章守旧，而是根据各地特色吸收当地的建筑色彩及建筑风格，将其中的经典元素提炼并加以丰富，同时摒弃原有空间布局中等级、尊卑等封建思想，给传统居住文化注入了新的气息。

🐸 活 动

相对于西方古建筑的砖石结构体系来说，中国古建筑一般以木结构为主，采用梁柱结构，斗栱出檐，多层台基，色彩鲜艳的曲线坡面屋顶，以院落式的建筑群展现广阔的空间。中式建筑的传统理念是什么？选一选。

☐对称   ☐中正   ☐尊卑   ☐纲常   ☐八卦

☐自然   ☐和谐   ☐皇权   ☐风水   ☐环保

了解了这么多创意独特的建筑，你动心了吗？和父母一起设计一座博物馆吧，用你的画笔和材料，把自己的设想表现出来吧！

2　无梁也成殿

　　快到春节了，胡同里的年味儿早早地便散开，弥漫在老北京的每条街巷。倘若此时在韵味独特的老胡同里走街串巷，找家四合院，有幸住上一晚，静静地感受首都的文化风情，是再好不过的了。

　　打小居住在四合院里的虫儿，想必此刻一定被这浓浓的京城年味包围了吧。咦？紧闭的院门儿，空荡荡的小床，静悄悄的院落，跟屁虫去哪儿了呢？

　　在距离虫儿的家宅一千二百多公里的地方，有一座饱含着沉甸甸历史的文化古都——南京。这儿素有"六朝古都"的美誉，钟阜龙蟠的紫金山、巍峨雄伟的明城墙、风流旖旎的秦淮河……仿佛都在向人们诉说着一篇又一篇古老的故事。提起南京，难免心生"南朝四百八十寺，多少楼台烟雨中"的慨叹。城东就有这样一处名为灵谷寺的地儿，缘起南朝，异常安静，常有"深山藏古寺"的感觉。

　　瞧，蹲在灵谷寺跟前的是谁呐？嘿，这不是咱们可爱的虫儿嘛！

　　原来，几天前，他跟着爸爸妈妈来到了南京的姥姥家，今年就打算

灵谷寺无梁殿 ❤

以前的灵谷寺殿宇很多，据说自山门至大殿长达2.5公里，一径通幽，松木参天。明宣德、清咸丰年间先后两次被毁，现仅存无梁殿一座建筑。殿内供奉无量寿佛而得名"无量殿"，又因整座建筑全用砖石砌成，无梁无椽，所以又称无梁殿。

无梁殿建于明朝洪武十四年，迄今已有600多年的历史。大殿的东西长53.8米，殿前露台宽敞。殿顶是重檐九脊琉璃瓦，屋脊上的3个琉璃瓦塔是喇嘛塔。无梁殿的建筑结构改变了我国古建筑梁柱结合框架式的建筑传统。整座建筑找不到梁柱，全部用砖砌造而成。它采用了中国古代石拱桥的建造方法，由基层用砖先砌5个洞，合缝后再叠成一个大型的拱形殿顶。

灵谷寺的无梁殿是中国现存时代最早、规模最大的一座。它在建筑结构和技法上充分体现了中国古代劳动人民的高超建筑艺术。

在这儿过年呢。这不，趁着春节放假，全家一起来看看这久负盛名的千年古刹。虫儿一路蹦蹦跳跳，不一会儿，就跑到了大红山门前，这会儿正气喘吁吁地攀在大石狮子上休息呢。

迎面是一座仿古建筑的山门，门分为三拱，绿色琉璃瓦的檐顶，外墙为红色。门额上有"灵谷胜境"四个大字。

进入红山门，大家走上了一条青石铺就的林荫道。而道的尽头，矗立着一座高大的阵亡将士牌坊。座基外镶化岗岩，绿色琉璃瓦覆顶。牌坊前

↑灵谷寺无梁殿

活　动

在我国其他地方的寺庙里也有无梁殿，你知道下面这些寺庙在哪里吗？连连看。

□显通寺　　□保国寺　　□水作寺　　□开元寺　　□万年寺

□山西五台山　□山西太原　　□四川峨眉山　　□江苏苏州　　□浙江宁波

中门门额上横刻"大仁大义"四字，背面刻"救国救民"四字。

早春的天气，在苍松和桂花树之间，还透着丝丝清冽的寒意。虫儿像早起觅食的鸟儿一样在灵谷寺松树林里的小径上跑来跑去。不时有山雀从灵谷塔的塔顶无声飞过。

跑累了，虫儿蹲在厚厚的松针上发呆，看着一滴一滴的露水，滴在一枚残叶上，多么明亮而澄澈啊。

这时，远处传来一阵清脆悦耳的说话声："大家看，这就是著名的无梁殿，

拱券结构

无梁殿面阔 5 间，进深 3 间。每一间就是一券，每排为 5 券，正中一间券洞最大，宽 11.4 米，高 14 米。外部采用仿木结构的形式，上下屋檐均设半拱，下檐斗拱出一跳，上檐斗拱出二跳。正面还设有门窗，也采用三券三伏的拱券形，拱券表面贴有水磨砖板。

无梁殿的室内高大宽敞，但因采光不够而显得较为昏暗，通风也不畅，人在里面觉得有些阴暗潮湿。但是无梁殿的室内建筑具有坚固、防火、耐久的优点。

无梁殿是一座采用多样式拱券方法，错综连接后构成的建筑，其建筑工艺复杂，结构坚固，气势宏伟，技法精湛。这种建筑在我国只兴盛于明清两代，之后都很少见。

↑无梁殿的门窗结构

↑无梁殿的内部结构（正向）

↑无梁殿的内部结构（侧向）

活 动

下面哪些是带有砖石拱券结构的中国古建筑物？选一选。

☐赵州桥　　　　☐十三陵地宫　　　　☐凯旋门

☐钟鼓楼　　　　☐天安门　　　　　　☐玉带桥

建于明代，它是用拱券结构砖石叠起来实现无梁的建筑，很有特色……"虫儿循声一看，一群人围着一个举着旗子的导游，正在认真听着讲解。"什么？无梁殿？真没有房梁吗，怎么盖起来的呢？"虫儿琢磨着，脚下却迈开步子飞快地朝那群人走过去。

灵谷寺原来是梁武帝为宝志和尚建的寺庙，这已经是南朝的事情了，距离现在大约1500多年，地点是现在的独龙阜，初名开善寺。唐乾符年间，改名为宝公院。其后又改为太平兴国禅寺、十方禅院、蒋山寺。

朱元璋得天下后，看中了独龙阜这块宝地，于是灵谷寺就从独龙阜迁到钟山东南麓了。寺庙建成后，朱元璋赐"第一禅林"，并赐额"灵谷禅寺"。

"虫儿，虫儿，你在望什么呢？"爸爸终于追上了虫儿，却见他呆呆地看着头顶的砖头，赶紧问道。

"爸爸，以前我知道的古代建筑知

拱形的力量

在建筑中，拱主要用于屋盖或跨门窗洞口，有时也用作楼盖、承托围墙或地下沟道顶盖。拱形承载重量时，能把压力向下向外传递给相邻的部分，拱形各部分相互挤压，结合得更加紧密。拱形受压会产生一个向外推的力，抵住这个力，拱就能承载很大的重量。

拱形以拱顶和拱脚中心连线为轴旋转，就成了圆顶形。圆顶形建筑的屋顶可以看成是若干个拱形的组合，它有拱形承载压力大的特点，而且不产生向外推的力。任何一个地方受力，力都可以向四周均匀地分散开来，这些建筑的一个共同特点是内部空间很大但没有柱子，这正是它们形状和结构的优点所在。

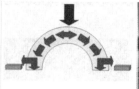
↑拱形受力分解图

↑拱桥

↑国家大剧院

识都说四梁八柱、飞檐斗拱，这无梁殿真的没有梁柱吗？"虫儿像倒豆子似的把心里的问号一个接一个地倒了出来，"没有梁柱，多危险呐。里面能住人吗？这么多年了，它怎么不塌呢？到底是有梁的房屋好还是没梁的好呢？"

爸爸听着虫儿一板一眼的提问，笑眯眯地回答："原来是在看这无梁殿呀。虫儿，那导游姐姐的介绍你都听出名堂来了吗？"

"没有房梁，屋顶也不会掉下来？真奇怪啊！"虫儿摸着自己的小脑袋，咬了咬嘴唇，也没想到答案。

爸爸摸着虫儿的小脑袋，说："虫儿，现在这无梁殿里面供奉的是民国初年北伐时国民革命军阵亡将士和后来抗日战争阵亡将士的灵位。你走近看看，这些内墙黑色大理石上，密密麻麻地刻了什么？"

呀！虫儿仔细一瞧，这上面按部队建制排列了三万三千多名士兵和将领的姓名和军阶，仿佛还保持着整齐的队列在行进中。细心的虫儿甚至发现了每一块石碑角落处的编号。

活　动

做一个纸拱，试试它能承受多大的重量，再做一个平纸，比一比，谁的承重力好。有明显折痕的纸拱不能再使用。

□抵住拱足的书本厚度相同，两拱足之间的距离为10厘米，保持不变。

□垫片必须轻放，可以用手适当的调节一下。

□放上垫圈使纸贴到水平桌面时，表示不能再承重，此时记录垫圈数。

↑纸拱

想一想，纸拱承重力与哪些因素有关？怎么改进可以增加纸拱的承重力？试一试。

爸爸此时的心里，也泛起了波澜：这儿是国民革命军阵亡烈士的纪念之地。无梁殿中的石碑都有编号，刻着国民革命军三万多将士的名字，确实了不起。这种纪念方式，着实震撼人心啊！也许我们看着那些名字

拱形建筑之美

拱形主要运用在桥梁和建筑方面。在古代，这种建筑理念就已经被广泛运用。如：拱桥、窑洞、清真寺的巨大球形顶、卢浮宫等。

拱券是一种承重的建筑结构，还起到美化作用，其基本外形为圆弧状，由于时期的不同、类型的不同，拱券的形式也有变化。古罗马建筑中的拱券基本是半圆形，中世纪哥特式建筑中运用的基本是尖形拱券，而伊斯兰建筑的拱券则采用了各种形式。

↑造型各异的拱形建筑

并不能真正知道他们是谁。但其实是谁并不重要，重要的是让世人知道我们中国这个民族不会忘本、不会忘根。

过了好一会儿，爸爸才接起了之前的话茬，和虫儿一本正经地介绍起了无梁殿"不倒"的原理："不会不会，像这种拱形建筑的承压能力可强了……"

"这无梁殿连根梁都没有，就算承压力强，万一遇到了狂风暴雨，没有柱子撑得住横向风吗？"虫儿疑惑不解地追问着。

对于这一追问，一向有问必答的爸爸倒是沉默了，只见他低头想了想，严肃又低沉地喃喃自语："这座无梁殿从明朝初年至今，经历了多少历史上的风风雨雨啊！"

"爸爸，这么说，还真是相当坚固呢。可能是四周墙壁受到顶部的压力，增加了牢固程度吧。建造这座无梁殿的大师可真厉害，长大了我一定要成为一名优秀的建筑师！"虫儿仔仔细细地听完爸爸的介绍，露出了一脸的天真与崇拜。

夕阳西下，余晖一如既往带着温暖的味道，渐渐洒遍紫金山南麓灵

活动

古罗马的拱券技术对欧洲各国建筑产生了深远影响。一幢幢雄伟的建筑、巨大的轮廓、恢宏的装修、栩栩如生的大理石雕刻，这一切都是与艺术紧密联系在一起的。你认识下面的这些建筑吗？连连看。

☐古罗马斗兽场　　　　☐巴黎圣母院　　　　☐圣彼得大教堂

谷公园的每处角落。来自北京胡同里的虫儿正牵着爸爸妈妈的手，在南京这座历史悠久的古寺里，品味着悠久时光刻下的沧桑，享受着山林中的静谧，悠然前行……

"爸爸，国外也有无梁殿吗？什么时候我们也去看看吧？"虫儿问道。

"有，有呀！外国的拱形建筑比咱们的无梁殿更多，回去咱们先上网查查看吧。"

虫儿爸心想：这座神奇的无梁殿，想必为虫儿心田里的那棵探索各地房屋的小萌芽又浇灌了一把。

从灵谷寺出来，爷儿俩来到了琵琶街。"虫儿，你知道这里为什么叫琵琶街吗？"爸爸问道。

"是不是跟北京的花市一样，专门买卖琵琶的？"虫儿随口答道。

"乱讲，这哪有卖琵琶的？相传，人们在这条街上踏地能听到清脆的回声，击一下掌能听到与弹奏琵琶琴弦一样美妙的回音，这就是被称为灵谷八景之一的'空街应掌'。不信？咱们赶紧去试一下吧。"

虫儿情不自禁地东几下西几下地跺起脚来，还时不时停下来屏息静听，嘴巴也不断嚷嚷起来："不对啊，怎么听不到呢？是不是真的啊？"他那活泼调皮、认真求解的神态，惹得大家都哈哈大笑起来。

3　木头的微笑

"爸爸，爸爸！演讲比赛，我得奖啦！"熟悉而独特的声音随着一个飞跑的身影穿过整间院子，来到了正房门口。

原来，是咱们的虫儿，刚刚放学回来，一溜儿小跑进了院门，手里拿着一个纸卷挥舞着，嘴里不停地叫着。原来，他的心里还惦记着"房屋建筑全国游"的梦呢！

靠在门框上的爸爸，手里拿着一个茶壶正喝着茶，看着跑进院子的虫儿，目光落在他手里高举着的那个纸卷上。

"看，第二名！"小虫儿边说边把手中的纸卷递给了爸爸，进屋把书包扔到了沙发上，拿起桌上的一杯茶咕咚咕咚灌下去，转身又回到爸爸跟前。

"我的虫儿真是好样的，继续努力。"看着虫儿的奖状，爸爸的眼睛眯成了一条小缝，脸上露出满意的微笑，轻轻地点了点头。

"今天晚上爸爸做几样拿手好菜，犒劳犒劳我们家虫儿。"爸爸打趣地说道。

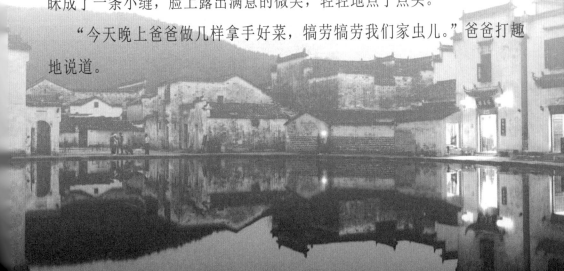

虫儿摇着爸爸的胳膊，着急地说："爸爸，你可应下我啦，演讲取得好成绩就带我去全国各地进行房屋游的，怎么忘记啦？"

"是吗？有这回事吗？什么时候说的？"眼看着虫儿的"梦想"要实现了，可是爸爸却假装忘记了，急得虫儿直跺脚。

"哈哈，没忘，没忘，爸爸答应的，就一定要兑现。放心，咱们先准备准备，等你一放暑假就出发。"爸爸这次可是满口答应了。

"哇，可以房屋游啰，哦……"虫儿高兴地一蹦老高，嘴里叫着就跑出去玩去了。

太阳公公眼见着笑得更厉害了，灿烂的阳光预示着一段美妙旅程的开始……

徽派建筑

徽派建筑是中国古代社会后期成熟的一大建筑流派。其工艺特征和造型风格主要体现在民居、祠庙、牌坊和园林等建筑实体中。徽州的大部分古村落是齐刷刷的黑瓦白墙，飞檐翘角的屋宇随山形地势高低错落，层叠有序，蔚为壮观。况且古往今来，凡智者必择居山通水绕、藏风纳气之地。

生活在"理学文章山水幽"独特的人文环境中

飞檐翘角→

←层叠起伏的房屋

宗祠→

很快就到了暑假，虫虫和爸爸早就打点好了行装。

爷儿俩的第一站是皖南的古村落，打算瞧瞧粉墙黛瓦马头墙，看看这里古建筑有什么独到之处，亲身体会体会"无徽不成镇"这句话的由来。

爷儿俩先踏进的是奇妙的牛形村落——安徽省黄山市黟县宏村，这里湖光山色，独具神韵，"山为牛头，树为角，屋为牛身，桥为脚"。这真是中国画里的乡村呀。

南湖绿柳绕堤，平洁的湖面，倒映着蓝天白云和白墙青瓦的房舍，白墙黛瓦、翘角飞檐的古老徽派建筑，真令人有一种超然的感觉，恍若隔世。

再往前走，虫儿和爸爸又游览了一些祖宅、宗祠。其中宗祠的屋子最大，好似一个让人走不完的迷宫。宗祠里面有一个巨大的露天平台，原来，在当地村民眼中，"下雨等于下金子，下雪等于下银子"，这个露

的徽州人，文化修养深厚，构思村镇蓝图时最善于抓住山水做文章。表现为山峦做骨架，溪水是村落血脉，建筑物成了依附于血脉——溪水及其支流的"细胞"。

在这里"桃花源里人家"式的村镇随处可见。房屋错落有致地簇拥在青杉翠竹流岚飞瀑的怀抱里，影影绰绰，缥缥纱纱，恍如人间仙境。徽派建筑力求人工建筑与自然景观融为一体，居家环境静谧雅致如诗如画。

活动

典型的徽派建筑物有"粉壁、黛瓦、飞檐、马头墙"的风格，主要体现在门楼、封火墙、窗户、大门和天井格式上。马头墙，也称"防火墙"，可在相邻民居发生火灾时，起到隔断火源，防止火势蔓延的作用。你知道它还有其他什么作用吗？选一选。

☐防雨　　☐防风　　☐防贼　　☐防漏　　☐防火　　☐防洪

天平台一定是"聚宝"用的。

之后，大伙儿又来到了距离宏村约 1 千米的卢村。这里拥有徽州最

徽州木雕与建筑

古徽州位于安徽省南部，皖、浙、赣三省交界处。这里盛产竹、木、茶和文房四宝，是徽商的发祥地。随着徽商财力的增强，乡里炫耀的意识日益浓厚，对木雕装饰美感的追求愈加强烈。

徽州建筑物多以砖、木、石为原料，这里的山区盛产木材，建筑多以木构架为主，这样就有了木雕艺人发挥聪明才智的用武之地。徽派梁架多用料硕大，且注重装饰。其横梁中部略微拱起，故民间俗称为"冬瓜梁"，两端雕出扁圆形或圆形花纹，中段常雕有多种图案，通体显得恢宏、华丽、壮美。

精巧的木雕楼，是徽派木雕艺术的极品，誉为"徽州木雕第一楼"。顺着田间小路走过去，对面那十余栋白墙黑瓦的老房子在阳光下显得格外打眼。相比于身后的宏村，这里冷清了许多。

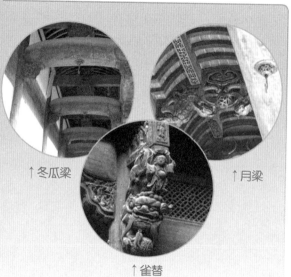

↑冬瓜梁　　↑月梁

↑雀替

在徽州，木雕以它优美的形式从属于建筑物和家具上的装饰。它既是为了美化，给人以艺术的熏陶，陶冶人们的情操，又要考虑实用。在建筑上，通常用于架梁、梁托、檐条、楼层拦板、华板、窗后、栏杆等处。梁架构件的巧妙组合和装修使工艺技术与艺术手法相交融，达到了珠联璧合的妙境。

活动

古徽州的民居一般采用砖石木结构，房屋的架构采用木结构，墙、窗等采用砖或石等。这种砖石木结构一般在三层左右。砖木结构的建筑在哪里常见？选一选。

☐寺庙　☐宫殿　☐民居　☐佛塔　☐桥梁　☐地官　☐祠堂　☐粮仓　☐藏经阁

导游姐姐告诉大家，卢村是个古老的村落，相传建于唐代，至今已经有上千年的历史了。自古村中多巧匠，贤人雅士云集，秀才进士辈出。

徽州木雕艺术

↑ 内容丰富的木雕

徽派木雕在古民居雕刻装饰中占主要地位。其内容极其丰富，有人物、山水、花卉、禽兽、鱼虫、云头、回纹、八宝博古、文字锡联，以及各种吉祥图案等。

徽派木雕题材众多，有传统的戏曲、民间故事、神话传说和渔、樵、耕、读、宴饮、品茗、出行、乐舞等生活场景。

徽派木雕的手法多样，有平雕、浮雕、透雕、圆雕和镂空雕等。其表现内容和手法因不同的建筑部位而各异。这些木雕均不粉饰油漆，而髹以桐油，木材本色和自然纹理清晰可见，其雕刻的细部更加生动、古朴、典雅。

↑ 马上封侯

↑ 赠锦袍

↑ 八仙过海

活动

徽州民居木雕是根据建筑物体的部件需要而采用圆雕、浮雕、透雕等表现手法。你能分辨下面各图采用的雕刻手法吗？它们有什么区别？写一写。

木雕花板背后的故事

　　吉祥图案的雕刻技艺是中华民族传统文化的瑰宝，是中华民族理想、智慧的积淀。在几千年岁月变迁中，木雕形成了鲜明的中国民族艺术特色。它集中围绕着"福、禄、寿、喜、财"五大主题，寄托了老百姓纯真的愿望和对幸福生活的憧憬。它的表现形式简洁明了、美观大方。

　　在中国人的心目中，吉祥图案是中国民俗文化的基础。表现吉祥如意的有"鹿鹤同春""二龙戏珠""三阳开泰""五蝠捧寿""喜鹊登梅""岁寒三友""双狮抢球""龙凤呈祥""麒麟送子"等等。

　　吉祥的图案还可以通过某种自然物象寓意、谐音或附加文字等形式来表达，即"图必有意，意必吉祥"。鱼谐音"余"，"喜（喜鹊）禄（鹿）封（蜂）侯（猴）"。毛笔、银锭、如意组成"必定如意"，鹤与鹿寓意"鹤寿同春"，石榴多籽寓意"榴开百子"，桃子代表长寿，牡丹表示富贵等。

↑龙凤呈祥

　　徽州木雕中表现儒家以"以孝治天下"的理念，讲究忍让、中庸、孝慈。例如徽州木雕中最为常见的雕刻题材《二十四孝图》所反映的孝子孝女故事，如"卧冰取鱼""封股疗母疾"等。还有如"百忍图""和为贵""将相和""群僚同乐"等题材。

　　道教的题材如"郭子仪祝寿""福禄寿三星""麻姑献寿""麒麟送子""鹿鹤同春""八仙过海"等均反映了追求福禄、福贵、多子、吉祥如意、长生不老等现实主义的人生观和价值观。

↑福寿吉祥

爷儿俩走进楼堂，门、窗、檐、梁，无一不是由那精美的木雕构成。一般人家的裙板是不施雕饰的，木雕楼却不同，每一扇门板下都雕刻一个故事。虫儿看得津津有味，迎面看见了一只螃蟹，不解地问爸爸，"为什么雕刻螃蟹呢？难道这家横行霸道吗？"

"虫儿，这是河蟹，和谐的意思。你再看看这个。"爸爸指了指脚跟前的一幅木雕：画面上是个老者，只见他半倚半坐，一手支颐，一手持了一扇荷叶，小童子正忙不迭地往荷叶里倒酒，他呢，就噙着荷茎，悠悠然啜饮着浸满荷香的美酒。主人看起来已经喝了不少了，神色间有半醉的神态，身边一个大肚子酒坛倒在地上，他就势靠在了上面。

"嗯……这个是……"虫虫支支吾吾，答不上来。爸爸笑呵呵，不说答案却念起了诗："采菊东篱下，悠然见南山。"

"啊！陶渊明！这上面刻的是陶渊明！"虫儿兴奋得手舞足蹈。

木雕楼中还有一块腰板雕刻得尤其精美，表现了一个书生赶考的情

活 动

这三幅图上的纹饰寓意什么？自己动手设计制作一个有吉祥寓意的纹饰，把它画下来。

景。有书童担了担子相随，身后有邻人倚门相送。书生骑在马上，正要过一座小桥，前面突然跳出一只猴子，拦住了去路。整个画面中，亭台楼阁，花树人物等竟然分了九个层次，邻人与书童的表情，衣服的褶皱走向，柳树枝条的摆动，无不精美细致。

虫儿还没来得及看完，就听见爸爸的声音："虫儿，你不是一直想走近看看这些古建筑的真正模样吗？快瞧！"顺着爸爸的手指望去，虫儿如同被施了魔法，定在原地张大了嘴巴。他看到了什么呢？

原来，是一幅幅木雕雕刻在横槛上，雕刻着人物、马匹，个个雕得栩栩如生，好像真的一样。一些木雕上涂着"金粉"，似乎在炫耀自己的财富呢！而族长家里的木窗上，还雕刻着许多倒挂着的蝙蝠。

"姐姐，为什么雕刻蝙蝠呢？"在虫儿的心里，蝙蝠可不是什么讨人喜欢的"小可爱"，百科书上的它们可是大耳朵、扁鼻子、脸上全是褶皱的丑家伙呀！

导游姐姐笑盈盈地答道："蝙蝠蝙蝠，有福有福喔！"

嘿，真有意思！

"原来木头也有故事，太有意思了！这些木雕这样精美，真像一幅幅神奇的画！"

看看精美的木雕，空气中点点的尘屑逆着金色的光线，在暗色的木雕背景中轻舞飘落，构成了绝妙的瞬间。虫儿觉得自己好像穿梭在时光的隧道里面，置身在光阴的交界处；又好像时光在这里早早就停下了匆匆的脚步。

渐渐地，好像自己也成了其中的一块木雕，藏在横槛里，正咧着嘴笑哩。

4 粉黛一脉水相连

昨天两个古村落的参观，时间排得满满的，虫儿晚上美美地睡了一觉，等他从梦乡中醒来时，太阳都爬老高了。

清早间的白墙灰瓦马头墙，沐浴着细雨晨光。出了小院儿，背着行囊的爷儿俩迈步在悠长的青石板小巷。

"爸爸，我们今天去哪里呀？"虫儿一路牵着爸爸的手不作声，半晌才猛地冒出这么一句。

"去西递村。西递村是中国明清民居博物馆，据说是'华夏第一村'呢。"

虫儿心里默默地念叨着，又问："为什么叫这个名字呢？"

爸爸道："据古书记载，其地罗峰高其前，阳尖障其后，石狮盘其北，天马蔼其南。中有二水环绕，不之东而之西，故名西递。"

西递为胡姓世居之地。其祖先即举家由婺源迁此定居。至明万历年间，当地出了一个官至胶州刺史、荆王府长史的胡文光，自此，这里的胡氏宗族便兴旺起来。

西递村有几百座华丽的宅院，两条大街，九十九条巷子，纵横交错，曲折幽深，如同一座庞大的迷宫。西递是沿着溪水修建的长条形村落，流水从村中穿过，街巷以桥相连，建筑群落的整体性极佳，给人以紧凑精美之感。

清代诗人曹文埴在《咏西递》诗中云："青山云外深，白屋烟中出。双溪左右环，群木高下密。曲径如弯弓，连墙若比栉。自入桃源来，墟落此第一。"

穿过一大片荷花塘，爷儿俩就到了村

徽州的石牌楼

西递村口立着一座三间四柱五层的楼式石牌楼，高12米，宽近10米，全部用黑色大理石构建。牌楼横额"登嘉庆乙卯科朝列大夫胡文光"，表明它是明代的遗物。牌楼上一面刻着"胶州刺史"，另一面刻着"荆藩首相"，显示着这位胡文光大人的为官业绩。

许国牌坊是明万历皇帝为嘉奖内阁重臣歙县人许国决策云南平叛功勋而特别恩赐建造的，位于安徽歙县。整座牌坊由两座三间四柱三楼普通牌坊和两座单间双柱三楼普通牌坊组合而成，平面呈11.54米×6.77米的长方口形，高达11.4米。独特形制、生前立坊、通体锦文为许国牌坊所独有，称为"三绝"。

↓西递村口的明代石牌坊（左图正面，右图背面）

↑许国牌坊

↑棠樾牌坊群

 活　动

徽州的石牌坊远近闻名，你家附近有没有牌坊呢？牌坊有什么实际的用途？写一写。

口，立刻被那座高大的石牌楼吸引。虫儿问爸爸，"这就是电影中看到的石牌楼吗？"

爸爸侧过头，笑眯眯地望着虫儿："咱们的虫儿看得真仔细。"

"爸爸，咱们来到安徽已经两天了，我在想，这里简直就是一个黑白的世界嘛。你看那些马头墙、祠堂、牌坊……全都是黑白的，没有一处是彩色的。"

"这里全是古村落，随便一样东西背后都饱含着厚重的历史，有着说不完的故事。你看这一排粉壁黛瓦的古宅，墙面上灰白斑驳，是不是很像你兴趣班上学习的泼墨山水画？"

"哈哈！还真有点儿那意思呢。"虫儿想象着自己画泼墨古宅的画面，忍不住笑出声儿来。"嘿！爸爸，瞧这些门，真古怪，咱们一路走过

徽州的砖雕

在徽州，人们常常为看到的那些建筑上精美的砖雕而陶醉。这儿的砖雕，主要用在门楼、门罩、飞檐和柱础的上面，图案从花鸟、人物、戏出、生活场景到吉祥纹饰等，很少重样儿。

砖雕有平雕、浮雕、立体雕刻，题材包括翎毛花卉、龙虎狮象、林园山水、戏剧人物等，具有浓郁的民间色彩。

↑郭子仪上寿（局部）

↑狮子滚绣球

↑百子图（局部）

 活 动

您知道右图中"大夫第""恩荣"的含义吗？写一写。试着用石膏砖、刻刀仿制上面的砖雕刻字。

四水归堂

徽州古民居，多为三间、四合等格局的砖木结构楼房，平面有口、凹、H、日等几种类型。两层多进，各进皆开天井，充分发挥通风、透光、排水作用。人们坐在室内，可以晨沐朝霞、夜观星斗。经过天井的"二次折光"，照射进来的日光比较柔和，给人以静谧之感。雨水通过天井四周的水枧流入阴沟，俗称"四水归堂"，意为"肥水不外流"，体现了徽商聚财、敛财的思想。

天井一般居中，由客厅正房与两侧厢房辅屋围合而成，四面屋顶均向天井倾斜，为进深较浅的窄条形空间。流下来的雨水连同生活废水都可以顺利地排出。天井四周往往置盖板明沟，并和住宅下水道相通，形成系统的排水设施。

封闭的民居内，天井上空晴阴雨雪变化，即使飘几点雪花，拂几丝雨点，洒进几缕阳光，都会使室内的人们感受到大自然的美丽，感受到自己居室的温暖，活化了民居的空间环境，正所谓"天人合一"。

来，上面的图案都不一样。"

"哦？我看看，还真不一样呢。这是怎么回事呢？"爸爸自言自语道。

爷儿俩穿行在小巷间，仔细观看着每户门罩上的雕刻。这里的街巷又深又窄，阳光根本照不进来，仰望天空可以看到明朗的蓝天。脚下的石板路蜿蜒曲折，石板被踩得光溜溜的。黑瓦墙顶高低起伏，形态端庄，走在这里像是步入仙境一般，一不小心就会迷路。

穿过饰有精巧砖刻门罩的大门，进入院内，令人吃惊的是，从上面射入的明亮

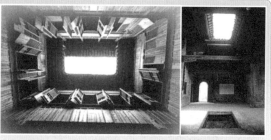

↑天井

 活 动

徽州的石牌坊远近闻名，你家附近有没有牌坊呢？牌坊有什么实际的用途？写一写。

幽静的光线，洒满了整个空间。人似乎在这个空间里消失了。

　　站在这里仰视，四周是房檐，天只有一长条，一种与外界隔绝的静寂弥漫其中。这就是四水归堂了。

　　"爸爸快来，我又有发现啦！每间屋子里都有这个！"只见虫儿蹲在一处由四片叶子与

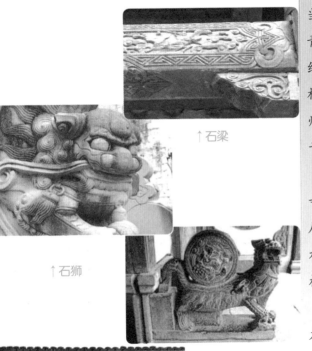

↑石梁

↑石狮

↑抱鼓石

←门罩

徽州的石雕

　　徽州石雕主要取材于当地所产的青黑色的"黟青石"。它石质硬软适度，细腻且有光泽，多用于建材和石雕。现存较好的徽州古民居的石雕大都取材于此类石材。

　　石雕多表现在祠堂、寺庙、牌坊、塔、桥及民居的庭院、门额、栏杆、水池、花台、漏窗、照壁、柱础、抱鼓石、石狮等上面。

　　内容多为象征吉祥的龙凤、仙鹤、猛虎、雄狮、大象、麒麟、祥云、八宝、博古和山水风景、人物故事等，主要采用浮雕、透雕、圆雕等手法，质朴高雅，浑厚潇洒。

活动

　　石雕中常常出现如蝙蝠、鱼、仙鹤等动物图案，你知道它们是什么寓意吗？写一写。看看右面两幅雕刻图案又是什么寓意？

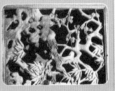

十二处小洞眼组成的物体前,好奇地观察着。他的叫声也唤来了不远处的爸爸。

爸爸不紧不慢地解释道:"这叫天井。徽州宅居的基本形式绝大多数都属于天井庭院形,就是由房屋和围墙组成封闭的空间,院子内部以南向厅堂为主,东西两厢为辅,中间为天井,后为小院,平面组成为日字形。房屋除了大门之外,都只开少数小窗,采光呀、排水呀,主要都靠天井。"

"采光?排水?还有这种作用?"虫儿瞪圆了眼睛。

青青的石板地踩在脚下,虫儿觉得还有些硌脚。水槽、水池、水缸,这些东西虫儿还是第一次见到。旁边还有主人摆设的几方石凳石几,石桌上放着茶壶和几个青花小碗,不时有茶香飘来。花坛果木、假山盆景,真有几分江南园林之感。主人坐在躺椅上正在品茶,显得怡然自得,见到爷儿俩进来,赶忙站起身来迎接。

徽州建筑三绝 ▾

徽派建筑的形成过程,受到了徽州独特的历史、地理环境和人文观念的影响。这里原来是古越人的聚居地,多为"干栏式"建筑。由于大量移民的涌入,人稠地狭,中原的"四合院"形式就逐渐演变成为适应险恶的山区环境,既封闭又通畅的徽州"天井"。而山区木结构的房屋又容易遭受火灾,为了避免火势的蔓延,便又产生了马头墙。徽派建筑以祠堂、牌坊、民宅最具特色,号称"古建三绝"。

↓民居

↓龙川胡氏祠堂

虫儿左看看右看看，真是好奇得很，他指着天井怯怯地问道："这个天井流下来的水去哪儿了？"

主人不慌不忙地说道："我们当地人相信'树养人丁，水养财'，所以我们的村落都是傍水而建，村旁植树。你们刚刚进村的时候，绕过的一道湍急的水流，那是山上的泉水顺着山石流到村中的方塘中，再经过曲曲弯弯的水渠流过各家各户。我们的雨水也通过暗渠排到水渠，再汇集到方塘中，方塘就是聚财之地。"

告别房屋主人，爷儿俩绕过一条溪流，像置身于"小桥流水人家"，一幅美丽的江南风景画中。站在溪边四处张望，溪流的上面架着许许多多的桥，两旁的人家就是通过这些小桥互通两岸，走门串户。

爷儿俩沿着一旁的青石板路向里走去，每经过一户人家，都看见有在门

徽州民居富于美感的外观具有整体性。群房一体，独具一格。墙面和马头高低进退错落有致，青山绿水、白墙黛瓦是徽派建筑的主要特征之一，在质朴中透着清秀。

徽州牌坊以石制为主，仿木结构，有四柱冲天式、八柱式、口字式等多种式样，造型雅致。

徽州祠堂有宗祠、支祠、家祠等不同类型，建筑方面有严格的区分，不能随心所欲。但所有的徽州祠堂一般都富丽堂皇，气势恢宏。

活动

功用牌坊可分为旌表坊和题名坊两类。你知道什么样的人才能立牌坊吗？写一写。

牌楼→

口石板上坐着乘凉的人，或有好奇地望着往来游客的孩子，或有低头纳鞋的姑娘，或有说笑着露出没有牙的老人。

低头看另一旁的溪流，溪边有许多蹲在水边的溪埠上洗衣、刷簸箕的女子，还有拿着一束束野韭菜，在溪水中来回洗荡的妇人。那绿油油的野韭菜叶子，随着水波轻轻漂着，像女子柔顺的青丝一般温柔。

沿着石板桥，过了溪流，登上一旁的茶楼。靠在美人靠上，爷儿俩俯视整个村子的建筑，水流沿着溪沟蜿蜒而下，与夕阳构成一幅最婉约生动的生活图。

"这里面有这么多的学问呐，真有意思。爸爸，谢谢你带我出来长知识。"虫儿起身，一脸满足的模样令人忍俊不禁。爸爸微笑着，将虫儿的小手牵得更紧了。

到了村口，虫儿在不远的一处人家门口发现了一副有趣的对联，上面的字还有几个不认识呢，忙叫爸爸念给他听。

爸爸念道："快乐每从辛苦得，便宜多自吃亏来。"

"咦，上联的'快'字少了一点，而'辛'字却多了一横，下联的'多'字少了一点，而'亏'字又多了一点。难道是错别字啊？"虫儿问爸爸道。

"不是的，这是主人在告诫儿孙们，'享受快乐少一点，付出辛苦多一点，贪图便宜少一点，甘愿吃亏多一点'。"

沿着村落主干道走了许久，蒙蒙烟雨中的徽州，粉墙黛瓦，浸润在雨中，古色古香。远远地他俩又看见了一座座牌楼在前面影影绰绰，虫儿对爸爸说："爸爸，这些牌楼远看的感觉又不一样了。这么一长串，整齐地竖立着，好有气势啊！"

爷儿俩的背影渐行渐远，告别了黑白娴雅、饱蘸诗意的徽派建筑，他们又将要去哪儿呢……

5 飞碟般的东方城堡

一路上风景优美，道路两旁是一座座山，山上长满了茂密的树木，那绿色的山重重叠叠。汽车绕着盘山公路缓缓爬行，一转弯，在不远处，土楼无数，一座、两座、三座、四座……散落在群山之间，好像来到了一个土楼王国。

虫儿脸蛋贴着车窗，望着一座座"天外来客"似的土楼，不禁有点纳闷：这里的人怎么会用泥巴将住宅建造得像一座座城堡似的？看来整个闽西南山区不仅云雾缭绕，而且藏着一个又一个的建筑谜团呢。

"快看啊，爸爸，那些土楼真奇特啊！"虫儿忽然看见了一个土楼群，四个圆的一个方的！

"四菜一汤。"爸爸风趣地调侃着，眼神里闪烁着满足。

"这是最美丽的田螺坑土楼建筑群，它由一方、四圆五座土楼组合而成，你看，像不像山野中盛开的花儿。"

"相传，玉皇大帝曾经到此考察民间疾苦，土地公公招待吃午餐，玉帝走后忘了撤席，就留下了偌大的'四菜一汤'"。爸爸风趣地说道。

兴奋的虫儿一下子忘记了晕车的苦恼，到了目的地，车一停便拉着爸爸衣角第一个下了车。

"还是圆形的最好看，多大多气派！"虫儿对这一座座飞碟似的神秘建筑产生了浓厚的兴趣。

走进美丽的土楼，虫儿抬头一看，年代久远的深棕色木质门窗泛着油光，门窗旁边挂着一串串红红的辣椒，还有土黄色的簸箕里晒着笋干。楼内四处挂着许多大红灯笼，这些色彩使得灰白色的土楼变得生动起来。

正对大门的是一座天井，天井两旁有两口左右对称的水井，青石栏杆环绕于四周。

二楼和三楼都有木质的栏杆，颜色也是深棕色的。顺着已经被踩得光

福建土楼

福建土楼的历史最早可以追溯到宋元时期，成熟于明末、清代和民国时期。主要散布在闽西的永定、武平、上杭及闽西南的南靖、平和、华安、漳浦等地。

福建土楼是世界上独一无二的山区大型夯土民居建筑，以生土作为主料，掺上细沙、石灰、糯米饭、红糖、竹片、木条等，经过反复揉、舂、压建造而成。楼顶覆以火烧瓦盖，经久不损。土楼高可达四五层，是客家人祖祖辈辈居住的地方，可供同族三四代人一起聚居。

列入世界文化遗产的福建土楼包括"六群四楼"，其中永定县有3个土楼群和2座土楼、南靖县2个土楼群和2座土楼、华安县1个土楼群，总共有46座土楼。

南靖县田螺坑土楼群的"四菜一汤"依山而建，中间的那个方形"汤盆"叫步云楼，

←南靖县田螺坑土楼群

溜溜的木楼梯，虫儿来到了二层和三层，原来，各层各户都是相通的。

"可别小看这些土楼，它不仅有几百年的历史，而且它的建筑材料和我们城市的楼房大不一样。土楼的土木结构，结实耐用。"爸爸说着。

虫儿从整个土楼唯一的大门走出，脚下大大小小的鹅卵石，灰的黑的白的各色，已经被无数行人的脚步磨得光滑透亮。

坐在去永定承启楼的大巴车上，虫儿余兴未消，磨着爸爸给他讲故事。

爸爸说道："虫儿，给你讲个'姑嫂争夺承启楼'的故事吧。"

一个阳光和煦的冬日，永定某山村的一幢客家土楼里张灯结彩，到处洋溢着浓浓的喜庆气氛，原来是楼主在为儿子举办婚礼。

客人们一边喝着醇香的家酿美酒，吃着可口的美味佳肴，一边随意地和同桌的人海阔天空地闲聊起来。

建于 1796 年；右边是振昌楼，建于 1930 年；左边的叫瑞云楼，建于 1936 年；最高的叫和昌楼，建于 1796 年，被烧毁后于 1953 年重修；椭圆形的是文昌楼，建于 1966 年。

活动

土楼千姿百态，种类繁多，有 20 多种建筑形式。其中最具代表性的是五凤楼、大方楼和圆楼。你知道还有其他的形式吗？选一选。

☐长方形楼　☐正方形楼　☐三合式楼　☐五角楼　　☐六角楼　☐八角楼
☐日字形楼　☐曲尺形楼　☐半月形楼　☐椭圆形楼　☐菱形楼　☐梯形楼

↓圆楼　　　　　　　　　　↓方楼　　　　　　　　　　↓五凤楼

在一桌酒席上，两个年轻女子越谈越亲热，越谈越投机，大有相见恨晚之意，于是互相打听起对方所住的土楼来。

"我住的楼很大很大。"其中一个女子乘着酒兴，故意卖了个关子，不无得意地笑着说，"你听好'高四层，楼四圈，上上下下四百间，一个房间住一晚，够你住上一整年'。我住的楼比你住的楼大吧？"

另一个女子笑着说："我住的楼比你住的楼更大呢，你听，'又像蘑菇又像城，楼里住着六百人；楼东日出楼西雨，三年不

聚族而居的城堡

从外部环境来看，土楼的建造者注重选择向阳避风、临水近路的地方设址，楼址大多坐北朝南，左有流水，右有道路，前有池塘，后有丘陵。土楼背靠的后山比较高，这样既可避风防潮，又能使楼、山相得益彰。形式多样的土楼参差错落、层次分明、蔚为壮观。

土楼结构有许多种类型，其中一种是内部有上、中、下三堂沿中心轴线纵深排列的三堂制。在这样的土楼内，一般下堂为出入口，放在最前边；中堂居于中心，是家族聚会、迎宾待客的地方；上堂居于最里边，是供奉祖先牌位的地方，也是族长聚集各户家长议事的地方。

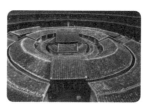

↑中轴鲜明 ↑祠堂为核心

↑厅堂为中心 ↑左右对称

 活动

下面的土楼群都有各自美丽的别称，你知道吗？连连看。

☐最像仙境的土楼群   ☐初溪土楼群

☐最令人震撼的土楼群   ☐岩太土楼群

☐经典土楼最多的土楼群   ☐洪坑土楼群

☐最壮观的土楼群   ☐中川土楼群

☐最具侨乡特色的土楼群   ☐南溪土楼群

识全楼人'。我住的楼比你住的楼更大吧！"

大家都被她们的谈话内容感染了，竖起耳朵想听个究竟。

等到双方说出各自的楼名后，全桌的客人都忍不住"轰"的一声笑了起来，原来她们俩都住在土楼之王——承启楼中，一个是尚未出嫁的姑娘，另一个则是两年前嫁到楼里来的媳妇，按辈分她们之间还是姑嫂关系呢。只不过一个住在楼东，一个住在楼西，至今还未谋面罢了。

土楼之王——承启楼

承启楼以高大、厚重、粗犷、雄伟的建筑风格和庭园院落端庄洒脱的造型艺术，融与如诗的山乡神韵，号称"土楼王"。

承启楼是圈数最多的圆楼，4环楼屋外高内低，环环相套。大门与厅、厅与左右侧门有通道，圈与圈之间有巷道，楼中廊道回转，重门掩映，进入楼内，就如进入一个迷宫，令人莫辨东南西北。鼎盛时居住过80多户，全是同族人，楼中弥漫着浓郁的乡村生活气息。承启楼这种平等的聚居方式，是客家人聚族而居的范例，厅堂中一副对联便是佐证："一本所生，亲疏无多，何须待分你我；共楼居住，出入相见，最宜重法人伦。"

↑承启楼　　　　　　　　↑承启楼（内部）

福建的土楼，数不尽，看不完。有"土楼王子"之誉的"振成楼"已有百年的历史。占地五千平方米，耗资八万光洋，费时五年建成。大门上仍清晰可见的门联"振纲立纪，成德达材"，你知道这副对联是什么意思吗？选一选。

☐遵纲守纪　☐教化后人　☐德才兼备　☐敬重上祖　☐缅怀先人　☐楼的名称

承启楼人丁最兴盛时期曾住有七八百号人，一年到头都有婚丧嫁娶，人进人出，要把全楼的人都认得清也确非易事。

远远望去，眼前又出现一座庞大的圆形黄土建筑。"这哪里是什么楼呀，简直是一座城！"虫儿心里念叨着。

虫儿牵着爸爸的手兴奋地跨进"城门"，迎面来了一位四十多岁当地人模样的男人，用带着乡音的普通话问："要导游吗？"见我们有点犹豫又补充说："我就是这楼里的人，义务导游，不收钱的。"

接着不等答话便介绍开了："这楼是我们第十五代祖宗江集成亲自设计规划的，从1628年开始，经过81年的艰苦奋斗才建成的。没有愚公移山的精神怎么能造出这样的楼来？"

土楼的防御功能

闽西南山区正是福佬与客家民系的交汇处，地势险峻，人烟稀少，一度野兽出没，盗匪四起。在土楼中聚族而居既是根深蒂固的中原儒家传统观念要求，更是聚集力量、共御外敌的现实需要。土楼具有防盗、防震、防兽、防火、防潮、通风采光、防风抗震、冬暖夏凉等特点。

土楼的建造初衷居然是为了防御。土楼的墙体高大、坚固，上层的窗口可作为枪眼，进出只有一个门，楼中都开有水井，有粮仓，以及日常生活必需的各种设施。大门一关，里面是一个独立的应有尽有的小天地，即使被土匪围堵几个月，人们在土楼里照样可以有序生活，所以它易守难攻，是一个坚固的防御堡垒。

↑ 土楼上冲外的窗口

↑ 歪而不倒的裕昌楼

活 动

现存最早的土楼是馥馨楼，你知道它有多少年吗？选一选。

☐ 800多年　☐ 900多年　☐ 1000多年　☐ 1100多年　☐ 1200多年

进了承启楼往圆心里走，楼中楼里还有楼中楼，四环同心圆的圆楼环环相套。往上看，这最外环的圆楼高达四层，每层用招梁式木构架镶嵌泥砖分隔成72开间，一眼看去被隔成的房间数也数不清，让人眼花缭乱。如果没有导游大叔的指引还真像进了一座巨大的迷宫。

随着导游大叔边走边说边看，爷儿俩才发现这种八卦图式建筑还真有它的科学性。这里的每户人家都有一套房子，从底层到顶层的房间各一间。大家都正在底层吃饭呢，各家的东西互相送来送去，还有的端着饭碗串门聊天，显得特别亲近和睦。

正巧，有个姑娘在井边打水，虫儿过去用井水擦了擦脸，清凉舒爽极了。虫儿又舀了一勺尝尝，真是"晶晶亮透心凉"啊！

导游大叔说："按我们的习俗，每年大

客家人传承中原文化

客家人是从中原南迁的汉人，这些汉人原来祖居于黄河流域，经历了五次大规模的迁徙才来到闽西山区。福建土楼以方圆结构为准则，方圆土楼的文化启示做人要虚心上进的道理。为人父母留给子孙的除了物质上的东西，更重要的是精神、文化的传承。

厚重的福建土楼，承载着厚重的传统文化。楹联匾额、私塾学堂、壁画彩绘等，都传承着历朝历代土楼人家"修身齐家"的理想和"止于至善"的追求。振成楼有副名联备受称道："振作哪有闲时，少时壮时老年时，时时须努力；成名原非易事，家事国事天下事，事事要关心。"

↑ 土楼中的楹联匾额

活 动

土楼建造的顺序你知道吗？排排看。

□放"五星石" □上墙枋 □施杨公 □上梁 □作灶
□立柱架梁 □下墙枋 □出水 □安楼门 □迁新居

年三十，家家要把水缸挑满，烧好年夜饭然后由长辈来封井。年初一不许打井水，年初二再由长辈来敬过井神之后才开井。"

如果不是亲眼所见，虫儿还真不敢相信土楼会有这么多学问呀。

"那么多人住在一起真好，可以互相帮助吧。"虫儿自言自语地嘀咕着。

爸爸听了，点点头："对呀，在历史上，客家人除了常常遭遇土著袭击外，不同家族之间也会发生各种斗争。所以客家人都很重视防御。据说，裕兴楼还有一段小故事呢！"

永定县湖坑镇的裕兴楼曾是农民赤卫队的活动据点。1934 年，国民党中央军第 10 师 56 团把 10 多个赤卫队员包围在楼内，轮番进攻都没有效果。中央军顶着桌子爬到墙下，好不容易挖开一个洞，但进一个死一个。之后又动用平射炮轰击，哪知 19 发炮弹也不过把土墙打了几个小坑而已，无奈只能长期围困。最后，赤卫队员弹尽粮绝，在一个下大雨的晚上，从窗户用绳子吊下来，安全撤离。后人把裕兴楼称为轰不烂炸不垮的土楼。

晚上，虫儿和爸爸躺在侨福楼的房间里，伴着潺潺的流水声，沉沉地睡去了。清早，鸟巢里的小鸟围绕着圆形的屋顶转了一圈两圈，似乎在和他们告别。小虫儿抬头向天空上望去，觉得自己像在一口井里一样，天空是圆的，房屋也是圆的。在这样最简单朴实的外表下，却包罗着客家人钻石般的智慧。他们用自己勤劳的双手，建造起了这一座座东方城堡，用最原始的泥土，撑起了属于中华儿女的一片天！

6 红砖白墙翘尾脊

有道是"天下和静在于民乐，天下安定在于民富"，民乐和民富很大程度体现于民居之中。虫儿父子俩来到了泉州，这里的闽南大厝是与土楼完全不一样的民居。

走在大街上，爷儿俩对门楣格外感兴趣。闽南民居很重视门楣，它们制作谈不上十分精致，精彩的是用各种优美的字体，或从右至左，或从左至右写着的四个大字："九牧流芳""太原衍世""三让遗风""基开太岳""江夏传芳"……这是民居的主人在表明他们的姓氏渊源，我们不一定能清楚地知道他们是世代生活于此，还是新近从别处移来，但是他们都记着自己的先祖，永志自己的血脉。

居住在那里的老人用蹩脚的普通话告诉爷儿俩，姓氏就是他们的血缘、是他们的根，不管迁徙何处，都要保留世第、血缘的矜持。

在每一面门楣后，都有一部家谱，发黄的纸记载着家族的历史沿革、世系繁衍、居民迁徙以及家族成员在科举、官封、名谥等值得显耀的事迹。

在每一面门楣后面，也都有一个创业致富的故事，主人把他创业的艰

辛和致富的喜悦，都融入了门楣上的四个字中。如果说这门楣是世第的表现，还不如说是光宗耀祖心理的表露。

坐在古色古香的茶楼里，虫儿看着木偶戏，爸爸品着香茶，正在听一位老人讲故事，闽南有一个流传很广的故事是这样的：

闽王王审知的皇后黄惠姑是泉州人，每到连绵阴雨天气，往往伤心落泪，闽王问她为什么。

皇后说她想起了娘家房屋破漏，不能阻挡风雨。闽王当即说："赐你一府皇宫起。"圣旨传到泉州，民众误以为泉州一府都可以建皇宫式建筑，喜出望外，遂大兴土木，泉州所辖惠安、晋江、南安各县纷纷仿效。于是乎，形成了千百年来，泉州晋水间别致典雅、富丽堂皇的皇宫式古民居建筑群。

有人密告闽王，说泉州人到处建皇宫，准备谋反。闽王想起是圣旨有误，

雕梁画栋皇宫起

在闽南的方言里，"厝"是房子，红砖厝就是用红砖盖的房子。在这里被当地人称为"大厝"的房子就像一座小皇宫。与其他地方的青砖灰瓦白墙不同，闽南民居都使用红砖红瓦，屋脊都呈弧线，不少是两斜入高天的长燕尾形，风格艳丽而张扬，别致典雅，蔚为壮观。建筑多为穿斗式结构，硬山或卷棚屋顶，俗称"墙倒屋不倒"。

明清海禁，闽南地区的大批民众为了生计过台湾下南洋经

↑ 燕尾形翘角

← 俗称"皇宫起"的官式大厝

连忙下旨停建，可是泉州晋江一带的房屋都已经建好，只好算了。圣旨传到南安地界时，南安的屋顶仅砌了三槽筒瓦，奉令即停。这样，南安县皇宫起大厝便保留下一个鲜明的特色，屋顶仅在两边砌三槽筒瓦。

弄懂了这些"皇宫"的来历，虫儿心里想，这故事不一定可信，不过，筒瓦里装的是土，很厚实，可以踩在上面修补房子漏雨，在多台风的闽南，屋顶还是越结实越好。

吃罢早茶，爷儿俩准备进大厝里面看看。

跟着爸爸走了不一会儿，爷儿俩来到"国宝级"的蔡氏古民居建筑群门前。

据说，蔡氏古民居可是闽南的'小故宫'之称。它是东大西小的格局，当地人认为这是琵琶穴，要建造一个琵琶形的村落。又听风水先生说："在

商。当时统治菲律宾的西班牙人在当地留下了很多红砖建筑，这给闽南商人留下深刻印象。当时的封建社会中红色建筑只有皇宫才可以使用，由于闽商的性格张扬，讲究排场，注重乡情，在荣归故里后，就逾越了封建规制，在家乡也建造了大量类似的红砖建筑。

所谓皇宫起，就是皇宫体的民居建筑。一般有三开间、五开间、带护厝、突山庭堂，纵深有二落、三落、五落不等，以庭为院落单元，庭、廊、过水贯穿全宅。以大门中线为中轴线，两边对称，横向扩展。围绕正厅，形成一个向心的整体。

活动

闽南大厝的门匾上常写有如"紫云衍派""颍川衍派""九牧传芳""开闽传芳"等。你知道这表示大厝主人是什么姓氏吗？连一连。

□紫云衍派 □颍川衍派 □荥阳衍派 □九牧传芳 □开闽传芳 □陇西衍派

□陈姓　　□黄姓　　□李姓　　□林姓　　□王姓　　□郑姓

琵琶穴建房子，只要不断发出敲打石头的声音，就会财源滚滚。

在长达四十余年的修建中，凿石声声，犹如乐师拨动琵琶乐弦，又如白银发出叮当的响声，故蔡氏人在海外的生意更红火，钱越挣越多，宅第越建越漂亮，构成了此处不可多得的风景。

眼前这精雕细琢的门楼，有着较小的下厅，铺着青石板的天井，宽敞的顶厅和后轩。还有对称的下房、厢房、大房和后房。

站在天井中间，立即就有一种清幽、

红砖白石的建筑 ▼

官式大厝通常是一个家族或族姓繁衍生息、祭祀先祖之地，大厝的正脊中间低两头高，两端的翘尾处有美丽的燕尾，轻盈的轮廓给人以腾跃、飞翔的感觉。其"燕尾归脊"寓意子女不管飞出多远总要归来，也是海外侨胞认祖归宗、血脉相连、割裂不去的一种思乡情结。

官式大厝使用大量当地盛产的白花岗岩作为台基、阶石、柱石、门框，裙墙垒到齐胸高，这充分体现了中国传统文化中"天人合一"的深刻内涵。外墙广泛使用一种被称为"烟炙砖"的红砖，再辅之以白石、青石、原木等，有"红砖白石，出砖入石"的特点。

←大厅

大厅→

↑烟炙砖

↑出砖入石

 活 动

古厝体现了哪些中国传统哲学思想？选一选。

☐庄重中正　　　　☐尊卑昭穆　　　　☐封建礼仪规矩

☐家族团结、团圆思想　　☐效法自然，天人合一的思想

整洁的感觉。地方虽不大，可被勤快的老人打扫得干干净净。两侧种植着几盆花卉，一阵清风吹来，淡淡的花香沁人心脾。天井西侧搁置着一个八角的大水缸，水缸的每侧都雕刻着精致的图案，里面还养着几尾金鱼。

大厝前有大埕，东西两侧有护厝，四周筑有围墙，成为封闭且规整独立的建筑群。

大门前置抱鼓石，墙上一般采用木雕或者石雕。入门处正中置木板屏风，平时都由两侧边门进出。大门左右各有一间下房，合称"下落"。"下落"之后为天井，天井两旁各有一间厢房。过天井为主屋正厝，中间是厅堂及后轩，其左右各有前后房四间，是住室和起居间，合称"前落"。厅堂是奉祀祖先、神明和接待客人的地方，面向天井，宽敞明亮。卧室房顶天窗较小，房内幽暗，体现"光厅暗房"的民居特点。

↑精美的雕刻

闽南民居屋顶多为悬山式曲线燕尾脊，护厝等次要房屋多为硬山式屋顶或马头式山墙。室内地面铺砌耐湿耐磨的红方砖，窗棂门扉则雕镂花鸟，山水、人物等图案。厅口、天井、厢房、墙础、台阶、门庭等铺砌平整条石，四周墙面贴砌红砖，并构成各种吉庆喜彩的图案。

活动

　　闽南民居房屋内外的墙上、檐下、壁间和门窗等都装饰有精美的木雕、砖雕、漆雕和石雕，工匠们会采用透雕、浮雕和平雕等手法，精雕细琢麒麟、大象、花瓶、琴棋书画、诗书楹联等，意蕴什么深意呢？选一选。

□太平有象　　□四季平安　　□诗书传家　　□麒麟送子　　□五福捧寿

虫儿仿佛看到了旧时的生活，一个家族在里面生老病死，会为鸡毛蒜皮的事争吵，却也会一生扶持互助。

听完大厝的故事，看完大厝的精美装饰，虫儿还真有点饥肠辘辘的感觉呢。爸爸要请虫儿去吃大厝宅倌夫菜，虫儿高兴得跳起来。

店老板介绍说，倌夫菜就是一乡一村里流传下来的最好吃的菜肴，有点私房菜的意思。爸爸点了几样菜，有海蛎炸、紫菜卷、竿圆、加力鱼包盐、酱油水大竹蛏……虫儿品尝后感觉口味很不错。

吃饭的时候，爸爸又给虫儿讲起了天后宫的故事。

天后宫最早称"娘妈宫"，是为供奉天后娘娘，台湾叫妈祖所搭建的，泉州的民众不断向外移民和进行海洋贸易，妈祖也随着他们远播祖国大陆及台、港、澳各地，所以在全国各地都能看到天后宫。但是泉州的这座是所有妈祖庙中现存建筑规模最大，保存最好的，还有一些是宋明清的建筑结构。

闽南建筑的营造技艺

闽南建筑营造技艺发源于福建泉州，始于唐五代，是闽南地区古建筑技艺的代表。它包括民居、牌坊、祠堂、寺庙、宫观、塔幢、亭阁等多种类建筑，既反映了闽南传统建筑技艺的水平，又是人类珍贵的文化遗产。2009 年，该营造技艺作为"中国传统木结构营造技艺"之一，入选人类非物质文化遗产代表作名录。

↑庙宇屋顶的雕刻

据传说，妈祖原名林默娘，宋太祖建隆元年生，自幼聪颖，她能踩浪渡海，搭救过许多遇难的渔民。宋雍熙四年九月初九，在湄州岛湄屿峰上羽化升天。人们为了纪念她，当年就在湄屿峰立庙祭祀。传说妈祖升天后仍常护佑海上的航船，人们敬称之为"海峡女神"，自宋代经元、明、清几代传播千年之久。泉州商人每到一处，必当建造会馆，并从家乡请来妈祖祀奉。

饭罢，爷儿俩决定去天后宫看看这座神奇的建筑。

徜徉于古厝民居，雕栏画栋的妈祖庙，其间折射出的文化韵味让爷儿俩在心底赞叹不已。

"爸爸！爸爸！"身后虫儿的叫喊声引得他推门而出，斜阳脉脉，铜制门环无声垂挂，黝黑的光泽，仿佛时光的烙印，引人怀想，而身旁的跟屁虫，仍是一脸的天真无邪。

不知不觉，爸爸牵着跟屁虫来到了享誉菲岛的"糖王"蔡本油的故宅。蓝天下，红砖拱廊与灰色泥雕交相辉映，炽热的生活气息、浓郁的异国情调，在阳光下静静流淌。

闽南建筑营造技艺可分为大木作、小木作、瓦作、砖石作、油漆作、彩画、堆剪作等工种。大木作主要负责木构架建筑中的承重结构，如柱、坊、梁等。小木作是关于非承重木构件的制作和安装，如门、窗、栏杆等。瓦作是屋面工程，而堆剪作则包含灰塑、陶作和剪贴等工艺，主要用于装饰构件。

 活 动

闽南民居营造技艺是工匠师傅们在长期的营造过程中积累下的丰富的营建经验，经过千年的传承，它更是承载着中国传统文化的精髓，可谓博大精深。那么如何把这些老工匠的手艺留住呢？说说看。

据村里人说，早年家境贫寒的蔡本油，不惑之年南渡菲律宾，涉足糖业，因诚信经营，生意蒸蒸日上，跻身菲侨富豪之列，因故土叫"锦东"，遂将旗下的十几家商号、公司以"锦"字命名。

饮水思源，事业有成的蔡本油倾情故乡，先后创办了"锦东私立学校""锦香女子学校"，捐巨资修缮金井名寺西资岩。

临走的时候，爸爸抬起头，水磨石门匾上"宁静致远"四个行楷大字映入眼帘。想一想，斯人已逝，叹一叹，这座番仔楼，却留下了一份令人回味无穷的安详与恬静。

异彩纷呈的闽南建筑

闽南是华侨聚集的地方，这里的华侨建筑，无论是厦门鼓浪屿的洋楼，还是侨乡的番仔楼，都不可避免带有强烈的"中西混搭"的风格。

旅外的闽南华侨们，衣锦还乡，把西方的建筑特点与家乡的红砖大厝融合，形成了众多别具特色的建筑，张扬的同时也为闽南增添了异域的风情。

↑手巾寮

↑番仔楼

↑黄家花园洋房

↑骑楼

活　动

闽南与我国台湾地区所处的地理环境相近，台湾地区同样吸收和保留了中国传统建筑的精髓，也有很多古厝，你知道它们在哪里吗？

7 宝岛悠游记

舷窗外是随风飘荡的云朵，暮色之下有星星点点的亮光，下面是一座城市，银色的闪闪发光的河流。伴随着飞机降落的轰鸣声，虫儿再一次摇醒身边小憩片刻的爸爸。

"爸爸，爸爸，到了吗？还没到吗？"这是一个多小时的行程里，虫儿的第 N 次"骚扰"了。

"女士们，先生们，飞机已经抵达台湾桃园机场，请您稍后准备从登机门下飞机。谢谢！"

"Yes! 我们到台湾啦！"抑制不住兴奋的虫儿扯开了他抵达宝岛的第一嗓。

第二天，虫儿和爸爸漫步在台北的大街小巷，骑行的摩托多如黄蜂，绿灯骤亮，马达的嗡嗡声不绝于耳。

自幼生活在幽静四合院儿里的虫儿对这儿有一种说不上来的感觉，既觉得热闹，又有点心烦意乱。紧紧牵着爸爸的大手，爷儿俩一起走向台北中山纪念馆，伟人孙中山的雕像就静静地坐立在纪念馆里。

在台北中山纪念馆前有个广场，还有喷泉表演，从这里就能看到雄伟的

台北的标志性建筑

台北 101 大楼位于台北市信义计划区，大楼高 509 米，地上 101 层，地下 5 层。由建筑师李祖原设计，他崇尚东方古典艺术，擅长将东方元素与西洋建筑融合为一。

大楼的第 27 层至第 90 层共 64 层中，每 8 层为一节，一共 8 节，每 8 层所组成的倒梯形方块形状源自中国的"鼎"，每节顶楼向上展开的弧线，带来蓬勃向上的气氛，而向上开展的花蕊式造型，寓意这座城市的节节高升及蓬勃发展。

裙楼顶楼的采光罩，外形就是中国的"如意"。为了实现"金融中心"的主题，24～27 层的位置有直径近 4 层楼高的方孔古钱币装饰。此外还有处处可见的中国传统风格装饰物，表现出将中华文化与西方科技融合的理念。

101 大楼。

哇！一幢摩天大楼矗立眼前。虫儿仰面而望，抬头却不见楼顶。

父子俩来到 101 大楼，买完票后从 5 楼乘电梯到 89 楼。这电梯可真快，只用了 37 秒，忽地一下，两人就来到了 89 楼。"真爽啊！这么快，好像坐穿梭机！"虫儿拍着手惊奇万分。

到了 89 楼，导游姐姐给每个人发了一台导游讲解器，讲解器上有一些按键，对应 13

↑古钱币装饰

↑大楼（下方为如意状的裙楼采光罩）

活 动

台北的中式建筑很多，如台北孔庙、龙山寺、圆山饭店，你认识它们吗？连连看。

□圆山饭店

□台北孔庙

□龙山寺

个不同的区，每到一个区，只要按下相应的键，就可以听到对应的解说。站在窗口向外眺望美丽的景色，整个台北都可以在这里看到，真是太壮观了！

虫儿被楼里的高科技应用震撼了，不过心里也嘀咕了起来：台湾不是经常有台风吗？这么高的楼安全吗？一阵大风吹来，会不会像家里的积木似的左摇右摆？

101 大楼的结构设计特点

台北 101 大楼的基桩由 382 根钢筋混凝土构成，中心的巨柱为双管结构——钢制外管、钢加混凝土内管，巨柱焊接花了约两年的时间完成。这样牢固的基础工程，不仅承载了地上 101 层的塔楼与 6 层裙楼的载重，还能确保较高的抗震防震能力。

结构设计采用新式的"巨型结构"，在大楼的四个外侧各有两支巨柱，每支截面长 3 米、宽 2.4 米，自地下 5 楼贯通至地上 90 楼，柱内灌入高密度混凝土，外以钢板包覆。

为了对付高空强风及台风吹拂造成的摇晃，大楼内设置了调质阻尼器，它是在 88 楼至 92 楼挂置一个重达 660 吨的巨大钢球，利用摆动来减缓建筑物的晃动幅度。

2013 年花莲县发生强震，台北市震度 3 级。这次地震左右摇晃明显，加上感受到的震度大，101 大楼内这个重达 660 吨的巨大钢球，也跟着左右摆动，来减缓建筑物的晃动幅度。

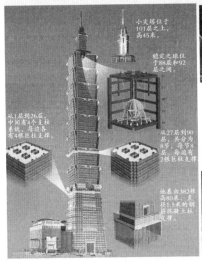

↑大楼结构示意图

↑调质阻尼器　　↑调质阻尼器位置示意图

↑巨大的支柱（俯视）

活动

民用建筑在抗震方面有着一定的区别，你觉得下面哪种结构的房屋抗震性能最好？选一选。

☐ 全木结构

☐ 钢结构

☐ 砖木结构

☐ 砖混结构

☐ 框架结构

爸爸看出了虫虫的疑惑，按下了"防震抗风"的按键，听了一会儿，耐心地和虫儿解释起来："101大楼虽然高，安全却不成问题，因为楼里有一个神奇的装置——调质阻尼器。你看！"

虫儿跑近一瞧。这个阻尼器长得可爱极了，整个身子圆圆的，颜色黄黄的，它是怎么保护整幢101大楼的呢？

钢结构建筑如何抗震

钢结构建筑被誉为21世纪的绿色建筑之一，钢结构建筑一是重量轻、强度高。用钢结构建造的住宅重量是钢筋混凝土住宅的二分之一左右，使用面积比钢筋混凝土住宅提高4%左右。二是抗震性能好。由于钢材料的匀质性、强韧性，可有较大变形，能很好地承受动力荷载，具有很好的抗震能力。

台湾是个美丽的岛屿，气候温暖，雨量充沛，多台风和暴雨，又位于环太平洋地震带，因此抗震和防风是对台湾建筑的两大考验。在台湾，最低抗震标准一般在8级地震以上，防风标准最低一般在12级以上。

爸爸看虫儿兴趣正浓，便继续说道："台湾的民宅也都具备抗震防风的特点。"

虫儿听得津津有味，低头思考了一会儿，突然感慨："哎，要是家家都有个阻尼器，

↑台湾盘旋式大楼

↑轻钢结构

大地震的时候就不会死那么多的人了。"

爸爸微笑着安慰："现在不仅仅是台湾，世界各国尤其是沿海国家对于房屋的建造都会考虑到自然灾害的问题。还记得我们前年在海南住过的'海景房'吗？"

"记得呀，当时妈妈还说'在海南买房还是别买海景房，万一买到偷工减料的房子，只要一刮台风，房屋就跟被小偷洗劫一样。'哈哈！"虫儿想起了妈妈的趣话，咯咯笑起来。

"虫儿，我们经常看电视，知道日本人喜欢住木头房子，你还问过我原因。爸爸后来查了资料，还记得我是怎么说的吗？"

"这个我也记得，你说日本曾经也是钢筋混凝土的房子，但是经历过一次地震，房子倒塌后推土机根本无法开进去，开进去也会压到在废墟中的人群。所以后来法律规定，五层以下的房子都是木制的，五层以上的都是钢筋混凝土的。"虫儿说得有板有眼，信心十足。

爸爸说道："其实木结构房子的缺点也很突出，就是不防风，容易被台风撕成碎木片。当然，优点也很突出，就是抗震，不容易倒，万一倒塌，也不容易伤到人。造价也便宜得很，坏了再建也不难。待会下了楼，我们就去台北老街看看日式的建筑。"

"爸爸，前面那个工地在建什么？怎么是扭曲的？看得我直眼晕，咱们过去看看。"虫儿喊了起来。等过去一打听，这座是盘旋式大楼，要2016年

活动

在房屋的设计中，有许多结构都是按照房屋的抗震需要建造的。因此，在装修中要特别注意，有些地方是坚决不能改动的，否则一旦破坏房屋的整体防震设计，在遇到地震时就极为危险。你知道下面哪些行为是不可取的吗？选一选。

☐拆除承重墙　　☐拆除非承重墙　　☐阳台配重墙
☐扩大门窗　　☐改变下水管道　　☐互换厨房与卫生间

才能完工呢。

去台北士林夜市的路上，虫儿一路"东张西望"，不放过路边的每一栋房屋。

"咦？爸爸，我发现台湾街边有好多房子都是木结构的哟！"虫儿惊喜地喊道。

"台湾曾经被日本占领过50年，所以这儿有很多木结构建筑，建造、雕刻、装饰上都表现出了浓浓的日本味道。"

"啊！记得书上说过日本就是地震频发的国家！"

虫儿想起了课堂上老师曾经介绍的，日本刚好在太平洋板块和欧亚大陆板块的交界处，是一个多火山多地震的国家。地震对它来说可谓家常便饭，人们几乎每天都生活在有感觉的或者没感觉的地震之中。

抗震木屋的结构

日式木屋主体框架由木柱、木梁、木龙骨组合，接点采用五金及木榫混合连接。整体经木墙板、木顶板、木地板等插接而成。木材表面经过防腐、防虫、防火等处理。木结构抗沉降、抗老化、抗地震，具有较强的稳定性，木结构房屋历经数代人使用仍能保持良好。

日式木屋采用的抗震方法是让地震产生的力不直接作用于建筑，从而避免建筑受损。人们用夹杂多层铁板的积层橡胶和减振器组合成抗震层，然后把房屋建在抗震层上，从而提高建筑物的抗震性能。无论哪种抗震办法，其核心都是要减轻地震力，提高房屋整体抗震能力。

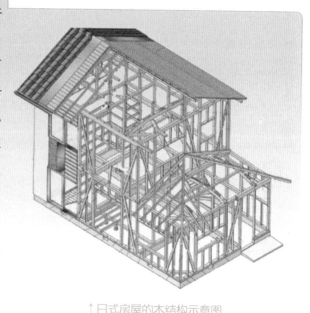
↑日式房屋的木结构示意图

"所以日本特别重视房屋抵抗地震破坏的能力，在这个方面开展了很多研究，花费了许多人力和财力。"

跟随着爸爸的脚步，虫儿走进了路边一座单独的小茶室歇息，坐在低矮的榻榻米上，感受着整个台湾岛的和风细雨。

"虫儿，今晚咱们就在士林小吃街吃小吃，明早咱们参观红毛城吧。"爸爸说道。

"好呀。"虫儿眼前立即浮现出一样又一样台湾名小吃，不由得咽了咽唾沫。

待过够了嘴瘾，回宾馆的路上，虫儿摸着鼓起的肚子，心里惦记上了红毛城："什么叫红毛城？红毛鬼子吗？难道是指让郑成功打跑的荷兰鬼子？明天一定要弄个明白。"

第二天下起了大雨，虫虫问爸爸："这么大的雨，咱们还能去吗？"

爸爸说："在台湾下雨是家常便饭，不怕，雨中的红毛城会更好看。

 活 动

日本法律是禁止砍伐森林的，建造小木屋的材料都是来自北欧的芬兰，属于进口住宅。其实，木结构房屋在世界各地都能见到，你知道下面图中的木屋是哪国的吗？连连看。

□芬兰   □中国   □俄罗斯

今天我们要游览两个地方：一是西洋古迹红毛城，二是新兴人文景观渔人码头。"

台北的淡水小镇，处在台北盆地淡水河系出口，扼守台湾北大门，是台湾北部最早开发的港口。台湾流行这样一个说法："一个淡水镇，半部台湾史。"可见淡水镇很小，名气却很大。

虽然雨下得很大，爷儿俩撑着伞漫步于红墙绿叶之间，穿梭于室内观看陈列的近代中国对外关系、台湾开发过程、淡水发展历史等有关资料，如读台湾历史，体会台湾当初的风雨变迁……

砖木和砖混结构建筑

砖木结构建筑物中竖向承重结构的墙、柱等采用砖或砌块砌筑，楼板、屋架等用木结构。砖混结构是指建筑中竖向承重结构的墙、柱等采用砖或砌块砌筑，柱、梁、楼板、屋面板等采用钢筋混凝土结构。

红毛城是宝岛台湾被外人侵占的历史缩影，是台湾北部最古老的城堡，是淡水镇最具历史意义的建筑。"南门"是红毛城内唯一的中国风建筑，用观音山石堆砌而成。

台北"故宫博物院"建筑于1965年建成，外观具有浓厚的中国传统建筑风格，是仿照北京故宫样式设计建筑的宫殿式建筑。

↑石砌的南门　↑砖木结构的荷兰式建筑

↑砖混结构的台北"故宫博物院"　↑中国古建筑的抗震智慧

 活　动

自然力的破坏以及建筑物质本身的自然老化是对砖木、砖混结构建筑的自然危害。你知道这种危害主要体现在哪些方面吗？选一选。

☐风蚀　☐雨蚀　☐雷电　☐火灾　☐地震　☐蚁灾　☐冻害　☐人害

8 房屋也会排兵布阵

从坐上驶往开平的大巴那一刻起,虫儿和爸爸的碉楼游算是正式拉开了帷幕。

"瞧,爸爸,我们快到了!"顺着虫儿的手指远远望去,玻璃窗外,一座座壮观的碉楼宛如一颗颗耀眼夺目的宝石镶嵌在开平这块美丽富饶的土地上。

"虫儿,你知道吗?这些碉楼是广东沿海地区独有的特色,也是中西文化交融的产物,侨乡文化的体现。它们可都见证了开平数百年的沧桑历史。"

在蓝天白云之下,在广袤的原野之上,那充满欧美风情的碉楼,与中国南方青砖土墙的农舍,自然和谐交合在一起,俨然一幅乡村水墨画。

岁月如刀,时光如电,望见这斑驳的碉楼墙,锈迹斑斑铁门窗,台阶生苔,人去楼空,虽苍凉凋败,但依稀可辨当时的华美。

不知在这一座座碉楼里,隐藏着哪些故事?一副副额联浮雕后,记载了多少情怀?

走进开平碉楼,恍如走进了中世纪的异国他乡,满眼都是欧洲古典式

开平碉楼与村落

在广东省开平市，碉楼星罗棋布，举目皆是，多者一村十几座，少者一村二三座。从水口到百合，又从塘口到蚬冈、赤水，纵横数十公里连绵不断，蔚为大观。

开平地势低洼，河网密布，过去常常会有洪涝之忧，加上社会秩序也比较混乱。一些华侨为了家眷安全，财产不受损失，在回乡建新屋的时候，纷纷建成了各式各样的碉楼。这样，碉楼越来越多，最多时有3000多座，现存的也有1833座之多。

开平碉楼种类繁多，若从建筑材料来分，大致分为钢筋水泥楼、青砖楼、泥楼和石楼。开平碉楼与村落已被列入世界文化遗产名录，是广东首个世界文化遗产，包括：锦江里村落、三门里村落、自力村村落与方氏灯楼、马降龙村落群等。

↓蚬冈镇锦江里碉楼群

风格的各种建筑，随处可见古希腊的柱廊、哥特式的尖顶、巴洛克的山花、拜占庭的圆形穹顶和伊斯兰的花瓣拱券。参照西方图纸而建于东方的碉楼，外形不拘程式，风格别开生面，巧妙地融合了中国乡村建筑文化与西方建筑文化，成了独特的世界建筑艺术景观。据说在开平很难找到两座完全一样的碉楼。

"虫儿，你看，这座楼叫'养闲别墅'。它的始建人是当地的一名私塾教师，后来去了南洋谋生。据说他家里只有一位裹小脚的妻子。当时土匪横行乡里，水患不断，为了保护家人的安全，他才建了这座楼。"

"那边那座'叶生居庐'的始建人曾

↑开平第一楼——瑞石楼

在香港经商，抗日战争期间，他回香港取钱，途经新会时却被匪首陈雨浓抓住，后来受了惊吓而死，被埋在当地的一棵榕树下。"

"你看见那个最高的碉楼了吗？那就是铭石楼。大家都说这座'铭石楼'的楼主方润文在美国谋生时，经营过餐馆，后来发了大财，就回到家乡花巨资建了这座碉楼。虫儿，你看它外形壮观，内部陈设豪华，被称作是自力村最漂亮的碉楼。当年方润文曾精心布置铭石楼并摆上了不少从美国带回来的家具。方润文去世后，方家后人分别到了香港和美国。离开时，他们走得匆忙而且悄无声息，以至于半个世纪后，碉楼内的物件都还保持着原样。听说其中枝形铸铁煤油吊灯，五彩玻璃隔断屏风，西式的美人卧榻，中式的雕花大床，甚至几双黯淡了的绣花鞋也依然落寞规整地摆放在床前，像是等着玉人晨起临窗梳妆……"

真是记录传奇的房屋。虫儿默默听着爸爸讲的故事，心里对这儿又增添了一丝期待。

"还有一处'如云幻楼'在抗战期间是村民的避难所。一次，日军入村搜掠，村民入楼避难。因为这座楼身坚固，日军无法进入，只撞落了一个门闩，结果空手而回……"

爷儿俩背着行囊，漫步乡间，阡陌纵横，野花遍地。碉楼四周良田万顷，稻香阵阵，踏着田间小道，穿过绿树修竹直入村内，感受着如梦般的诗意，

活 动

中国古代人的智慧是我们无法想象的，古建筑中很多也是我们现在无法效仿的。你知道中国下列古建筑中有哪些也被列入了世界文化遗产吗？选一选。

☐夫子庙　☐明清故宫　☐平遥古城　☐曲阜孔庙　☐乔家大院
☐秦始皇陵　☐中山陵　☐布达拉宫　☐丽江古城　☐少林寺

顿生世外桃源之感。

听完爸爸的详细介绍，小虫儿决心爬上楼去，没等爸爸喊停，便一溜烟地跑开了。

自力村的碉楼都建得又高又漂亮，大多四五层，有的超过六层，楼梯很窄很陡，虫儿爬的时候跌跌撞撞，好几回没站稳差点就要滚下去了。等他站在楼房最上面的宽阔平台上拿起望远镜像模像样地四处眺望时，才发现了另一番情景。

绿树丛中一座很漂亮的碉楼就矗立在水塘的边上，水中映衬出碉楼的英姿更加美丽。碉楼前面是一排低矮的老房子，三五个老者正悠然自得地

碉楼的特点

碉楼的建筑风格和装饰艺术更是千姿百态，让人叹为观止。建造碉楼的华侨旅居世界各地，所以他们建造的碉楼，也打上了西方建筑文化的烙印。其建筑风格既有中国传统的硬山顶式、悬山顶式，也有希腊式、罗马式、拜占庭式、巴洛克式，还有中西结合的庭院式、别墅式等等，被专家称为"活生生的近代建筑博物馆"。

碉楼里看到的不只是一些单纯建筑上生硬的中西融合，还能看到一种颇具智慧的创造以及表达生活愿望的主动融合。比如碉楼里的意大利地板砖、德国的马桶、英国的香烟盒、"舞狮滚地球"的壁画等文物，都印证了一种真实存在过的历史生活遗迹。

↑沙冈辉蓉楼（左）和敦睦楼（右）

↑塘口镇宝树楼

坐在房前闲聊，一群顽童在水边嬉戏，好一幅美丽的田园风光啊！碉楼已经有些年头了，灰色的墙面上满是斑驳的墙皮，显现着历史的沧桑。碉楼的周围全是树林和农田，几乎见不到人，不远处有两栋歪楼，它们紧紧靠在一起像是在互相取暖，这么歪的角度都没有倒塌。真神奇！

看着看着，虫儿发现村子里的碉楼外形似乎有些古怪，他赶紧问身旁一路小跑追来的爸爸："爸爸，你瞧，我有重大发现！建在村后、村口和河边山冈上的碉楼模样都不一样！"

"哦？给我看看。"爸爸拿过虫儿递来的望远镜，仔细地观察起来。

"虫儿，你观察得很仔细，我在书上看过，碉楼的位置不同功能也不同，根据功能大致可以分为更楼、众楼、居楼三种类型……"

"看来，房屋的规划布局可真是门大学问呀。几十、上百年前的碉楼都这样讲究，侨民们可真有智慧。"虫儿边听边连连点头。

这里的碉楼不像有些地方紧凑成片地建造，而是一栋栋独立于田野之

↑赤坎五龙沃秀村位铿楼

↑百合镇齐汤河带村雁平楼

活 动

碉楼的历史作用有哪些？选一选。

□躲避盗匪　□保护侨眷　□预防洪涝　□打击日寇　□共产党地下活动场所

中。村口有一个小型的纪念馆，馆内有文字介绍碉楼的来龙去脉、格式布局等。出了纪念馆，便是自力村最精美的碉楼铭石楼。铭石楼前有一方荷塘，没有荷花，只有层层叠叠的荷叶。这里的游人多了些，虫儿从田埂一路好不容易才挤到了楼前，再挤到楼旁，衬着一树的红花，终于"咔嚓""咔嚓"拍下了好几张碉楼的近照。

碉楼之间有阡陌小路相通，离开了铭石

碉楼的防御功能

开平碉楼往往为多层建筑，其建筑高度远远高于一般的民居，居高临下之势便于防御。碉楼的墙体比普通的民居厚实坚固，不怕匪盗凿墙或火攻。碉楼的窗户比民居开口小，都有铁栅和窗扇，外设铁板窗门。碉楼上部的四角，一般都建有突出悬挑的全封闭或半封闭的角堡(俗称"燕子窝")，角堡内开设了向前和向下的射击孔，可以居高临下地还击进村之敌。同时，碉楼各层墙上也开设有射击孔，增加了楼内居民的攻击点。

碉楼顶层多设有瞭望台，不少还设有枪械、火炮、石块、铜钟、警报器、探照灯等防患装置，这使平民百姓的生命财产能得到很好的保护。

↑带圆形角堡的碉楼

↑角堡(燕子窝)

 活 动

想了解"鹰村碉楼退贼记"吗？查阅相关资料，说说你的想法。

从安全角度着想，学校里很多地方都装有监控摄像头来防止意外发生，你能找到它们吗？

楼，走在石板铺砌的小路上，望着历经沧桑的碉楼群，爸爸的脑海中不由自主地浮现出华侨们在国外辛勤工作的身影。

当年的他们因生活所迫而漂洋过海去谋生，在那里干最脏、最累的活，将辛辛苦苦积攒下来的钱送回家乡，建成这一座

←居楼

众楼→

←更楼

更楼、众楼和居楼

开平碉楼按功能可分为更楼（也称门楼）、众楼、居楼三种类型。更楼出于村落联防的需要，多建在村口或村外山冈、河岸，起着预警危险的作用。更楼由参加联防的村出人出钱建设，轮流值班防卫，多配备探照灯、报警器、铜锣、响鼓和枪支，其作用主要在预警。

众楼建在村落后面，由若干户人家集资共建，其造型封闭、简单，防卫性强。楼内陈设非常简单，多数房间仅有一张床供躲土匪的人家过夜使用。土匪走后，人们就会走出碉楼，回到自己的家中，众楼也就闲置在那里。

居楼很好地结合了碉楼的防卫和居住两大功能，楼体高大，空间较为宽敞，生活设施比较完善，起居方便。居楼的造型比较多样，美观大方，外部装饰性强，在满足防御功能的基础之上，追求建筑的形式美，往往成为村落的标志。

活 动

看看右面的羌族碉楼，你知道它们在哪里吗？你还在哪里见过碉楼？写一写。

↑羌族碉楼

有根的地方才是家

华侨是文化的传播者。中外多种文化交融和碰撞是华侨文化发展的必然产物。它所带来的文化冲突，广泛触及中国传统社会各个阶层的方方面面，这也是世界移民文化的共同规律。这种文化的冲突和交融，在开平表现得极为明显。随便走到一座碉楼或民居都可以看到中外文化交融的痕迹。因此，开平碉楼与民居非常突出地体现了中国华侨文化的深刻性和普遍性。

今天，碉楼并没有完全从岭南民众的生活中消退，它仍然维系着海外乡亲对故乡的牵挂和思念，仍然是侨乡一些人家日常生活不可或缺的一部分，是他们的精神家园。

座碉楼，使家乡父老能够安居乐业，能够躲避盗匪和洪涝。可以说，那碉楼是他们劳动的结晶，是他们的家，也是他们的根。

夕阳霞光中，排兵布阵的碉楼群更显出它们的悲壮与宏大；在摇曳的树枝光影的映衬里，更呈现出它的凄清与雄伟。它曾经保护过这一方的土地，守卫过这一方的乡人。它的肩膀承载起几代人的生命，如父亲一般用它坚实的臂弯保护着自己的儿女。

落日的余晖给碉楼抹上了一层淡黄，似乎抹去了岁月留给它的沧桑。牵着虫儿的小手，爸爸暗暗感叹：碉楼不该凋败，每个碉楼都有自己悲欢离合的故事，每个碉楼都镂刻着海外华侨华人的生活轨迹。

↑ 美丽的家园

活动

在中国人的思想意识中，重视认祖归宗、追祖溯源，因此也常常开展寻根的活动，你认为下列哪些行为是属于寻根的？选一选。

□修建祠堂 □续修族谱 □赛龙舟 □焚烧纸钱 □清明扫墓 □修缮祖屋

9 吊脚楼的传说

汽车在通往目的地的柏油路上疾驰，透过车窗，一股泥土的气息扑面而来，金黄的油菜花开满田野，一幢幢吊脚楼就掩映在青山绿水间。

一条大清河在山脚下蜿蜒地流淌着，汽车沿着大河转来转去。虫儿看着高高的大青山，奔流的大清河，呼吸着芳草的幽香，心情格外舒畅。

这是当年援助贫困地区教育的时候爸爸走过的一条路，开车的叔叔姓冉，是爸爸的故友。这个特殊的姓也让虫儿对爸爸的"第二故乡"充满了好奇与遐想。

"冉叔叔，我爸爸在家经常提到您，说以前你俩是很好的朋友，一起在这里教书，还上山打过猎，一起度过了很多美好的时光。"

虫儿的话让这对昔日的挚友想起了以前的点点滴滴，冉叔叔的眼眶中闪动着泪光，一旁的爸爸也低头不语。

冉叔叔跟爸爸说："这条路经过几次修整，已经很难再找到原来的影子了。想当年，你们援教的教师刚到这里的时候，这条坑坑洼洼的路安静得很，一天到晚连拖拉机也很难遇上一辆的。"

冉叔叔笑称，他的家在湘西的一座大山深处。冉叔叔指着不远处那一座座倚着山，傍着水的木头小楼说，那就是他们的房子，是非常有魅力的呦，很多城里人都来这里体验原生态、纯天然的绿色生活呢。

想当年，你爸爸也住在这样的吊脚楼中，和我们一起教书，一起打球，为大山里面培养了很多优秀的孩子，有的还考上了大学，走出了大山。

走进寨门，脚踏在青石板上，头顶是吊着的木楼，随山就坡，层层叠叠，栉

吊脚楼

吊脚楼也叫"吊楼"，是我国西南少数民族传统民居，它一半悬空，用木柱支撑，这些支撑的木柱就是楼的"脚"了，也正因为有这"脚"，所以称"吊脚楼"。吊脚楼与一般所指干栏式建筑有所不同。干栏应该全部都悬空的，而吊脚楼属于半干栏式建筑。

吊脚楼大多依山傍水，前面频临河水，后面依靠山崖，前面的木桩扎在地里作为地基，后面倚崖而建，四周围有藩篱，屋顶上覆盖着青灰色的小瓦。吊脚楼的屋顶斜度很大，房檐飞翘高耸，好似雁儿展翅欲飞。

一般地，吊脚楼在二层设几个厅，中厅即堂屋是家族举行重大聚会和喜庆的活动场所，供奉祖先与祭祀的地方。里厅用作卧室，外厅供进出。中厅安装有独特的S形曲栏靠椅，民间有一美称叫"美人靠"，姑娘们常在此挑花刺绣，向外展示风姿而得名。

↑吊脚楼

 活 动

吊脚楼是我国古代工匠的智慧结晶，这种古老的建筑，至今仍被很多民族使用，下列哪些民族以吊脚楼作为代表性建筑？选一选。

□苗族 □侗族 □壮族 □瑶族 □土家族 □水族 □白族 □彝族 □哈尼族

比相连，次第攀升。那感觉就好像进了一座古堡。

溪水如绿色的缎带，从寨脚下缓缓流过，在阳光下熠熠生辉。一排石墩矗立在溪水间便是人们来来往往的小石桥，桥上不时有身穿苗衣头戴方巾的苗女走过，肩上还背着沉甸甸的小背篓。

虫儿跑上一座风雨桥，只见宽大的桥体内挂满了各种各样的民族饰品。桥面由木板铺成，隔不远就有一条粗大的圆木撑起的桥廊，两边有木栏杆。从桥面仰望桥内顶，横七竖八、大大小小的木方子、木

古建筑的活化石

吊脚楼完全依山就势，远远看去，它们有的层层出挑，有的高低错落，顺势而建，起伏跌宕。

建造吊脚楼时，依地形立以木桩，上置楼板为屋基，将前半间房屋托起，后半间则凿崖为坪。其房屋的构架简单、开间灵活、形无定式，虽是随意的建筑符号，但是秀盈朴素，自然含蓄，轮廓秀美。

吊脚楼运用了长方形、三角形、菱形等多重结构的组合，构造出一种比较稳定而庄重的几何形体，既表现出一种典雅灵秀之美，又表现出一种挺拔之美。它与周围的青山绿水和田园风光融为一体，相得益彰，是中华上古居民建筑的"活化石"。

↑ 各种式样的吊脚楼

活 动

吊脚楼所使用的建筑材料以当地的杉木为主要材料。杉木是中国特有的和重要的速生树种之一，对于建造吊脚楼有什么优点呢？选一选。

□树体高大 □纹理通直 □结构细致 □材质轻软 □易于加工
□不翘不裂 □耐腐防虫 □耐磨性强 □气味芳香 □成材较快

梁贯穿其中，看得虫儿眼花缭乱。

穿过木桥，爬上曲折蜿蜒的山坡就看见了冉叔叔家的吊脚楼里升起了袅袅炊烟。饥肠辘辘的他们加快了步伐，径直走向那间古老的黑瓦木结构吊脚楼。进了冉叔叔的家，虫儿高兴得东摸摸西看看，摸摸柱子上的花纹，瞧瞧木刻的花窗，看看房梁上的喜鹊图案。

热情的冉叔叔一家人忙里忙外，泡茶筛酒，摆上美味饭菜，大家坐在长桌两旁一起吃晚餐。冉婶婶做了炕洋芋饭，土豆粉皮炒腊肉，还有熏排骨火锅、凉拌鱼腥草……

虫儿吃得美滋滋的，冉叔叔和爸爸喝着米酒，开始回忆起他们原来一起教书的事情。

虫儿吃罢饭，趴在美人靠上向对面山坡张望着，心里不知在想什么。看着虫儿发呆，冉叔叔给他讲起故事来……

穿斗式建筑

在中国各地的民居建筑中，吊脚楼的不拘一格，就是生活在不同地区的人们为适应周围环境，合理利用地形条件建造生存空间的鲜活写照。

吊脚楼除了屋顶盖瓦以外，其余部分全部用杉木建造。一般以四排三间为一幢，有的除了正房外，还搭了一两个"偏厦"。每排木柱一般9根，即五柱四瓜。屋柱用大杉木凿眼，柱与柱之间用大小不一的杉木斜穿直套连在一起，全以榫卯连接，结构牢固，接合缜密，哪怕不用一个铁钉也十分坚固，有极高的工艺和艺术价值。房子四周还有吊楼，楼檐翘角上翻，如雁儿展翼欲飞。房子四壁用杉木板开槽密镶，里里外外涂上桐油，防虫防腐，又干净又亮堂。

↓穿斗式结构框架

相传，很早的时候，土家人搭起一些茅草屋居住，割草犁地，在开荒之后的土地上种庄稼。这一带古木参天，荒山老林里有很多虎豹豺狼，蛇和蜈蚣到处爬。由于人们惧怕野兽，就烧起大火，还在火堆里埋上竹节。野牲口看到明晃晃的大火，吓得不敢靠近，然而蛇虫蚂蚁却不怕这些，常往屋里钻。有位老者想出一个主意，他喊一些后生砍树条子，像扎木排一样，在草棚子旁边的树上绑起架子，铺上野竹子和细树条，再垫一层树叶和茅草，顶上支起茅草顶篷躲雨水。人睡在树半腰上，蛇虫蚂蚁就不大容易爬上去。但是，放在地上的食物被虫子爬过后，人吃了又呕又泻。这位老者又想了个办法，叫后生把一块块大岩板拉上树，放平，再垫上一层黄泥，然后在上面支锅弄饭，这样食物就不会被虫子爬了。后来这种房屋就逐步演变成现在的吊脚楼了。

红彤彤的太阳快要下山，远处的梯田像镜子一样，映着碧绿的秧苗。清澈的溪水从远处缓缓穿流而过，青如罗带，宛如恬静的淑女。不久，夜色降临，山坡上的吊脚楼里一家接着一家亮起了点点温暖的橘黄色灯光。

夜空静悄悄。星星像是触手可得，月儿似一把弯刀，煞是好看。楼角挂着的红彤彤的大灯笼倒映在水光潋滟的溪水上。

"咦？冉叔叔，这些吊脚楼外夜景真美呀，你们真会找地方盖房子！"虫儿目不转睛地看着一排排吊脚楼在溪水里的倒影。

"这是我们先人的智慧，也是迫于兵荒马乱年代为求安稳的生活而已。不过虫儿你知道吗？建造吊脚楼可是件大事哩，第一步要备齐木料，就是

活 动

也可依据依山而建的吊脚楼的建筑特点，在平地上用木柱撑起，常分上下两层。西南当地营造吊脚楼的好处有哪些？选一选。

☐节约土地 ☐造价较廉 ☐通风干燥 ☐防潮宜居 ☐聚族而居 ☐用料唾手可得

'伐青山'，一般选椿树或紫树，椿、紫因谐音'春''子'而吉祥，意为春常大，子孙旺；第二步是加工大梁及柱料，称为'架大码'，在梁上还要画上八卦、太极、荷花莲籽等图案；第三道工序叫'排扇'，即把加工好的梁柱接上榫头，排成木扇；第四步是'立屋竖柱'，主人选黄道吉日，请众乡邻帮忙，上梁前要祭梁，然后众人齐心协力将一排排木扇竖起。这时，鞭炮齐鸣，左邻右舍送礼物祝贺。立屋竖柱之后便是钉椽角、盖瓦、装板壁。富裕人家还要在屋顶上装饰向天飞檐，在廊洞下雕龙画凤，装饰阳台木栏。"

冉叔叔情不自禁地唱起了上梁歌："上一步，望宝梁，一轮太极在中央，一元行始呈瑞祥。上二步，喜洋洋，'乾坤'二字在两旁，日月成双永世享……"

无图纸的建筑

具有独特的民族风吊脚楼的建造在选址、用料、造型等都非常讲究，它的建造更是离不开一个重要的角色——"掌墨师"。

"掌墨师"是吊脚楼营建的"总工程师"，掌握着起架、画小样、清枋、排扇、起扇、上梁、赞梁等关键技艺。一栋吊脚楼的修建，从规划到装修，必须由一名"掌墨师"带着几名弟子才能完成。

"掌墨师"根据地形和主人的需要确定相应的建房方案，使用斧凿锯刨和墨斗、墨线，在30至70度的斜坡陡坎上搭建吊脚楼。以前没有机器，所有工作都只能靠人力，要做一根最简单的木枋，就有"推、比、凿、锤、画、磨、穿"七个工序。一栋房子需要的柱子、屋梁、穿枋等有上千个榫眼，匠师从来不用图纸，仅凭着墨斗、斧子、凿子、锯子和各种成竹在胸的方

↑ 即将消失的手艺

虫儿听着听着，两只眼皮就开始打架了，不一会就睡着了。

清晨，层层云雾缓缓升起，梯田仿佛笼罩着一层薄纱，若隐若现。悠悠转动的老水车发出吱呀吱呀的声响。溪边几个苗女在洗衣服，不时传来她们的欢笑声。

活 动

在雪地、沙漠这样的环境中建造的房屋与普通的住房有什么区别呢？这样的房屋对当地居民的生活有什么帮助吗？

早炊的人家泛出袅袅的炊烟，慢慢聚成一个个烟柱，在屋子上方缓缓升腾。真像陶渊明诗歌中所描写的，"暧暧远人村，依依墟里烟"。

久在城市生活的虫儿，好久都没有嗅到炊烟的味道了。他深深地呼吸了一口清新的空气，仿佛回到祖先农耕生活的世界。

虫儿来到溪边，几头水牛从身边擦过，叮当叮当的牛铃声清脆悦耳，溪水中几只鸭子在悠闲地游来游去。

↑掌墨师的工具

案，便能使柱柱相连、枋枋相接、梁梁相扣。用简单的锛、凿、斧、锯等工具就能制造出各式各样的吊脚楼和风雨桥。

活 动

吊脚楼如何防火？如何能够做到一家着火不至于演绎成"火烧连营"？写一写。

吊脚楼下，老人坐着小竹椅，手拿长长的烟杆，吧嗒吧嗒地抽着旱烟，身穿黑衣阔脚裤，头缠方巾的男子肩扛砍刀身背小竹篓匆匆而过。

掩映在翠竹林间，老榕树下的吊脚楼凝聚着多少劳动人民无穷的智慧啊！

自然和谐之美 ∨

一栋完整的吊脚楼，楼宇三面环廊，壁板光亮，花窗古朴，廊栏秀雅。屋顶青瓦覆盖，檐角飞翘，气韵流丹。"冲天炮""翅角挑""钥匙头"等特殊构件的制作和运用，使吊脚楼的内部空间层次丰富，外观形式多样，轮廓婀娜多姿。

吊脚楼的下部架空成虚，上部围成实体，虚实结合，刚柔相济，古朴之中呈现出契合大自然的大美。

吊脚楼构建于自然山水间，犹如一幅画卷，虽粗犷却不失纤巧，貌拙朴又不失轻盈；又像是一个美人，素净大方，端庄淡雅。一派人与天地、天地与建筑、建

风景如画↑→

10　傣家竹楼水井塔

西双版纳，云南的一颗明珠，人们不仅迷恋它美丽的自然环境，更钟情傣家浓郁的民族风情。

傣族竹楼，最具有西双版纳民族特色的景观之一，是云南少数民族文化与外来文化交互作用的产物，因它最大限度地适应了云南少数民族的生存需求和文化需求而得以广泛流布、代代相传。

成片的竹林以及掩映在竹林中的一座座美丽别致的竹楼，像开屏的金孔雀，又似翩然起舞的美丽少女，美丽的景致让虫儿恍然如在梦中。

黎明时分的傣族村寨，看上去很像一幅迷蒙淡雅的水墨画。远远望去，到处是一丛丛翠绿的凤尾竹和遮天盖地的油棕林。

一抹淡淡的晨雾萦绕在村寨四周，田野、树木和房舍隐约可见，偶有三两个穿着长长的筒裙、担着箩筐的傣族妇女从雾中走来，那红、黄、绿、蓝的长裙便似一个个精灵，跳跃出点缀画面的色彩。

当雾霭慢慢散去时，傣族村寨也渐渐显露出它的轮廓。一棵棵高大的椰子树、芒果树、棕榈树，一片片香蕉林、灌木丛，特别是寨子周围的那些挺

拔的竹林，形成一片浓密的绿荫，簇拥着一座座造型古朴别致的傣家竹楼，远远看去，仿佛一座绿色的小岛。

傣寨竹楼

傣家人住竹楼已经有一千多年的历史了。由于傣族聚居的地区天气湿热，竹楼大都依山傍水而建。

傣家竹楼的造型属干栏式建筑，它的房顶呈"人"字形。云南南部属热带雨林气候，降雨量大，"人"字形房顶易于排水。

按照古老的传统习俗，竹楼建造一般要先选好地基，然后用犁耙碾平，再垒基石，接着才开始立柱架梁。竹楼的主要结构是中柱，因此，选择中柱时尤为严肃隆重。中柱从山上运进村寨时，大家都要去迎接，并且要泼水祝福。立柱时也要先立中柱。每根接触地面的柱子下面均垫上一块大石头，以防木柱浸水腐烂，还能防止白蚂蚁。

傣族人真是最最幸福的人，他们住在竹楼里，吃着竹筒饭、喝着竹筒酒，活得是比神仙还逍遥。多么美丽的傣家竹楼啊，简直是巧夺天工的艺术品。虫儿心里默默地念叨着。

一进寨门，就看到一对白象雕塑，像是在迎接远方的客人。大象在傣族人民的心目中是吉祥的象征，白象迎宾寓意给客人吉祥的祝福。而远处那一座被碧水绿树包围着的白塔，它是傣族村的象征。

虫儿跟着爸爸沿着一条红色小路往寨子里走，小路的右边是一尊金色的佛像，佛像背后的一幢小型竹楼里供奉着傣族的寨神。

来到老朋友岩叔叔家门口，木制的竹楼

↓傣族村寨

↓傣族竹楼

↓中柱立在石头上

下放着崭新的拖拉机和摩托车，门前有一条小溪，几只小鸭子在水中游来游去。小鸡跟在母鸡的屁股后面啄食，竹筛上还有晒着的肉干儿。竹楼周围栽种着椰子树、芒果树、凤尾竹等，一片生机勃勃的景象。

看见有客人进来，坐在院子里的傣家姑娘便悄然起身，在楼梯前脱下鞋子拾阶而上，虫儿学着她的样子也光着两只小脚丫上了楼。

竹楼的空间很大，堂屋的光线比较昏暗，但很柔和。屋内立有许多根粗大的木柱，有的木柱上还覆以红布。堂屋内有一个火塘，火塘上有未燃烧尽的柴炭灰烬和放置炊具的铁架，仿佛早就安排好了似的，堂屋中央摆放着一张小矮竹桌，竹桌上摆放着小竹杯子。

傣家姑娘招呼道："这里是泡好的糯米香茶，是我们这儿的特产，你们尝尝吧。"

坐在小竹凳上，品着香甜的糯米茶，爷儿俩听岩叔叔讲起了故事。

相传，古时候有位青年英雄帕雅桑目蒂，他看到傣家人栖息在野外，常年受风吹雨打，于是很想建造一座房子给他们。经过多次试验和不断改进，他终于造成了漂亮的傣家竹楼。有一次，在他建造竹楼时，中柱突然坠落到地层下面的龙宫里。龙王帕雅那亲手为他托住了这很大柱，使灾祸没有降临，竹楼得以顺利建成。为使后人的大柱不再坠落，龙王还送给他很多芭蕉叶，只要把芭蕉叶垫在中柱下面，柱子就不会坠落。于是傣家人在盖竹楼时，都会用芭蕉树茎捆扎木柱，以驱邪祈安。中柱也就成了最神圣的柱子，被称为"坠

活 动

云南竹楼用"人"字形房顶，这种房顶真的比平顶排水性好吗？请你用身边的材料（吸管、报纸、筷子、纸盒、薄木片等）建造两座小屋模型（房顶分别为人字形和平顶形），把两座房子分别放在两个盆中，同时用洒水壶往房子上洒相同多的水，比一比看哪种模型的排水性较好。

落之柱"。

傣族现在的社会状况基本上属于母系社会，每个家是以母亲的血缘组成大的家庭，几代人同住在一个房子里，没有墙壁隔开，只是以不同颜色的蚊帐隔开。傣家的卧室外人不得窥探，因为傣族崇拜神灵，他们认为自己的灵魂和家神都在卧室里，外人来了会打扰家神，摄走灵魂，所以卧室是傣家竹楼中最神秘的房间。

屋子里有点闷热，虫儿的鼻头已经冒汗了，爷儿俩决定先到寨子里逛逛。

午后的寨子格外安静，几乎不闻人声。树影婆娑，一排排高高的仙人掌围映着一座座竹楼。

在满眼葱绿的树林、竹林和芭蕉林

竹楼与傣家习俗 ♥

竹楼大多分上下两层，下层高七八尺，四无遮拦，牛马拴在柱子上。

竹楼上层内部一般分为堂屋和卧室两部分。堂屋设在木梯进门的地方，比较开阔，在正中央铺着大的竹席，是待客、谈事的地方；在堂屋的外部设有阳台和走廊，放着打水用的竹筒、水罐等，也是傣家妇女做针线活的地方；堂屋内一般设有火塘，是烧饭做菜的地方。

竹楼的中柱子叫"骚郎"，是人死时靠着洗脸、穿衣的地方，平时谁也不准扶靠，上面贴的彩色纸和插的蜡条等都不许动。除了顶梁大柱外，竹楼里中间较粗大的柱子是代表男性的，侧面较低矮的柱子则代表着女性。

↑竹楼内部格局

活 动

这一廊一台是竹楼不可缺少的部分，你知道这样的竹楼有哪些优点么？写一写。

丛中，偶尔有两三个穿着鲜艳的筒裙、短衣的傣家姑娘摇曳而过，好像绽放的鲜花一样。

遇到了几个小和尚，年纪和虫儿差不多，虫儿正好奇要问爸爸时，爸爸告诉虫儿：傣族人信佛，小男孩都要出家，然后还俗，让他们成为"除苦积善，受过教化"的人。

正说着，眼见一幢带塔尖的高大竹楼映

↑以竹、草为主要材料的竹楼

↑以木、瓦为主要材料的竹楼

竹楼的变迁

西双版纳境内的山竹苍翠如海，傣族人就地取材，用竹子作建房材料，这种用竹子和茅草片建盖的竹楼是第一代竹楼。竹楼用数十根大竹子支撑，悬空铺楼板。竹柱、竹围墙、竹楼楞、竹椽子、竹楼板、竹楼梯、房顶用茅草排覆盖。

第二代竹楼则是以木头和缅瓦为主料。傣族自己烧瓦，瓦如鱼鳞，三寸见方，薄仅二三分，有一面有钩子。屋顶椽条上横着钉竹条，每根竹条间隔约两寸，将瓦挂在竹条上，如鱼鳞状。有瓦破了，只要在椽条下伸手将破瓦拿下，再挂上新瓦即可。竹楼的屋脊平伸如凤凰起飞，屋角翘起如鹭鸶展翅。

活动

木构架有穿斗式、抬梁式和井干式三种，你知道这三种是怎样的结构吗？可以简单地画一画。

入眼帘，金色的佛塔和佛寺大殿的尖顶给人一种神秘的感觉。这是一座三间两层重檐建筑，面朝东方，屋脊上装饰有火焰状、卷叶状和动物的陶饰。檐下的木版上绘有壁画，左右两侧是两个用泥塑造的巨大的龙形神兽。

进入大门是一段长廊，通向一座竹木结构佛殿。屋顶重檐叠叠，中间略高，东西两侧略低。脱掉鞋子，爷儿俩进入佛殿内，四面都为佛像。虫儿不敢作声，跟着爸爸屁股后面转了一圈。

仔细看，佛塔是砖石结构，塔的体量稍小，千姿百态，塔体还涂着金银粉和黄色的涂料。微风吹来，塔上悬挂的风铃不时发出悦耳的响声。

干栏式建筑

干栏式建筑最早出现于新石器时代，在古代中国南方很盛行。史书记载："穴居多在高处，土层较厚，多在北方；巢居多在低处，地面湿润，多在南方。"巢居就是干栏建筑的早期形态。

干栏式建筑的构件用榫卯连接，榫卯构件的种类主要有：柱头及柱脚榫，上端为榫头榫，用以连接屋梁；下端为柱脚榫，用以连接地袱或地龙骨。梁头榫，在圆木上端加工成榫头，使其截面高与宽之比接近 4：1 的黄金比。带梢丁孔的榫，在榫头中部凿有一个圆孔，用以插梢丁，防止构件在受拉作用下脱榫。这种"人居其上，牛犬豕居其下"的干栏建筑具有干燥通风和安全舒适的特点，故而世代传承下来，并不断改进和完善。

↑原始干栏式建筑

现代傣家竹楼建筑↑→

走在绿树掩映，竹楼环抱，梵音缭绕的村寨的小路上，虫儿感觉像是来到了世外桃源。

整整一个下午，爷儿俩都在寨子里溜达转悠，太阳快要落山了才回到岩叔叔家。

炸竹虫，炸蜂蛹，炒芭蕉花，炒水蕨菜，酸笋炖鸡，还有香喷喷的菠萝饭，傣家糍粑，菠萝蜜，火塘边还烤着鱼……

丰盛的晚餐已经准备好了，岩叔叔手里正拎着一个大大的酒葫芦笑呵呵地等着爷儿俩呢。

桌上的菜稀奇古怪，全是虫儿没有吃过的，有些甚至都没听过，更别说叫出名字。一盘细细白白的炸虫子，每个虫子有寸许长，那是竹子里面长的蛆虫。名字听起来不雅，吃起来却可口无比，香极啦。另外还有一盘炸得金黄焦脆的蜂儿，夹一只一嘴下去，香味直冲脑门。还有酸笋炖鸡，那醇香的鲜味，惹得虫儿口水直流。

爸爸和岩叔叔喝着美酒聊着家常，虫儿也迫不及待地告诉岩叔叔，他和爸爸下午的所见所闻。岩叔叔还告诉虫儿，水井塔是傣家独具匠心的建筑，各个村寨的水井塔也各不相同，有多少个傣寨，就有多少个造型各异的水井塔。到了"祭井日"，人们还要把井罩建筑彩绘一新，敲响芒锣和象脚鼓，欢歌起舞。明早一定去看看。

夜深了，虫儿躺在竹楼的地板上，窗外吹来一阵阵凉风，天空像水一样纯净，挂满星星煞是好看。耳边传来蝉鸣声，蛙声，偶尔夹杂着几声犬吠。

活 动

既可防潮又能防止野兽侵袭的干栏式建筑，是我国木构建筑的祖源。你知道下面的房屋是什么样子吗？画一画。

□蒙古包　□窑洞　□撮罗子　□马架子　□土掌房　□高脚屋

闻着席子散发的竹香，虫儿睡得特别的香。

　　第二天一大早虫儿爬起来就跑下了竹楼。寨子里的空气非常清新，雾气萦绕，草叶上流着晶莹的水珠儿。心情极好的虫儿跑到了寨边的小塔厦旁。

　　井边摆着傣家人取水的长杆竹筒，清幽幽的井水，虫儿喝了一口，甜到了心里。不远处，掩映在绿色椰林中的另一座水井帽像一座小塔，古色古香。

傣寨水井

　　傣家的水井建筑造型独具匠心，别有特色，千姿百态，如同一件件奇特的艺术珍品，使人过目难忘。它们的造型大致可分为动物类、宝塔类、傣楼类。傣族对井台、井栏、井盖的设计、建筑装饰都十分讲究，形成具有民族特色的井塔。井门旁或饰以泥塑巨龙，以示高贵；或饰以大象、孔雀雕塑，以示幸福和吉祥。一座井罩就是一件艺术品。

　　傣家人认为圣洁的水是土地神楠妥纳妮赐给的，为了让生命之水永不枯竭，就按自己的宗教信仰修建了不同样式的井塔，以寄托美好的愿望。

↑各式各样的水井塔

活动

　　在我国的少数民族中，有的民族有本民族的历法，也就有自己的新年。如：藏历新年、苗族的达努节、彝族的火把节，你知道这些节日都是哪几天吗？他们的民族节日习俗有哪些？写一写。

11 世界屋脊上的明珠

走下飞机，虫儿和爸爸几乎感觉不到丝毫的高原反应。不过很快，他们就被这座雪域圣殿深深震撼，虫儿的心情无比激动。依山而建的布达拉宫，像巨人一样俯视着芸芸众生。

虫儿随着爸爸到了布达拉宫脚下，才真正感受到她的壮观和威严。她的山永远是稳固、雄壮的，她的面容永远是美丽、精致的，她背后的蓝天永远是清澈的，她顶上的白云永远是圣洁的。她面前虔诚的人啊，献上心中的哈达，把一生的时光和全部的灵魂都献给这布达拉宫。

布达拉宫前面常年有磕着长头的藏民，而在通向布达拉宫的长长的滇藏、川藏和青藏路上，还有着一家家三世同堂的藏民"三步一叩"。藏民一生中必要有一次朝圣，常常安排在一家三世同堂时，变卖所有家当，买齐路上用的板车和行李，带着干奶酪、青稞、糌粑和酥油茶就上路了。有时老人会坚持不到终点就长眠在路上，剩下中年人和孩子继续三步一叩。而那"叩"是真正的五体投地，全身包括四肢都贴在地上，再挺身起来。

蓝天白云下的布达拉宫正以她巨大的魅力，吸引我们立刻投向她的怀抱。

不过先别忙，布达拉宫有一千多个房间，据说柱子都超过了一万根，回廊走道恍如迷宫，不熟悉的人肯定晕头转向。有道是"不识庐山真面目，只缘身在此山中。"

进去之前，爷儿俩决定先在外面好好看看，再了解了解宫殿的背景。

据传说，公元7世纪时，吐蕃王朝松赞干布为迎娶尼泊尔尺尊公主和唐朝文成公主，在拉萨城西北的玛布日山上修建了布达拉宫。因为玛布日山又

雄伟的布达拉宫

唐初，松赞干布迎娶文成公主为妻，为夸耀后世，在当时的红山上建宫殿一千间。因为此山犹如观音菩萨居住的普陀山，故取名布达拉宫。

布达拉宫奠基于红山南麓，沿山而上，依势而起，从地平直达山顶。主楼共13层，高113米，面积约12万平方米。山下附属建筑南有雪城、北有龙王潭。远望宫宇叠砌，巍峨耸峙，近看气势磅礴。它是当今世界上海拔最高、规模最大的宫殿式建筑群。

布达拉宫在17世纪的重建和以后的扩建中，由西藏地区的优秀画师创作了数以万计的精美壁画，收藏近万幅明清以来的卷轴画和大批石雕、木雕、泥塑等艺术品，还有贝叶经等历史文物及藏毯、卡垫、经幡、华盖、幔帐、陶瓷、玉器、金银器物等大批藏族传统工艺品。

↓雄伟的布达拉宫

名红山，所以布达拉宫又称为红山宫。两位公主分别带去了释迦牟尼像以及大量佛经，松赞干布在两位公主影响下皈依佛教，并修建了今日的大昭寺和小昭寺，从此藏传佛教日益兴盛。吐蕃王朝灭亡后，古老的宫殿城堡大部分毁于战火和自然灾害。公元17世纪，五世达赖喇嘛重建布达拉宫的白宫等建筑，之后历代达赖喇嘛不断扩建了灵塔、红宫及一些附属建筑，逐步形成了布达拉宫今日的规模。并且，以其辉煌的雄姿和藏传佛教圣地的地位绝对地成了藏民族的象征。

虫儿听了，心里大吃一惊，暗暗赞叹：一整座山呢！建造宫殿的人真厉害！跟随着不计其数的朝圣者和旅游观光客的脚步，爷儿俩沿阶而上，经过四道曲折的石铺斜坡路，来到绘有四大金刚巨幅壁画的东大门。画上的金刚怒目圆睁，威风凛凛，那双眼睛使人觉得他有能洞察世间一切真、善、美的神力。终于，就要踏入这颗矗立在拉萨市玛布日山上的雪域明珠了！

很多游客都会到无量寿佛殿去表达一下健康长寿的美好愿望。这里也是历代达赖祈求长寿的地方，殿内陈设着他们的宝座，中间供奉的是长寿佛，两边分别是白度母、绿度母。作为观音的两个女性化身，作为智慧、美丽、善良的象征，白度母和绿度母在藏族人特别是藏族女性中影响很大，在民间特别受到推崇，很多藏族女孩子的名字都和她们有关。比如，大家熟悉的"卓玛"就是绿度母的意思，"卓嘎"的含义是白度母，还有"旺姆"也是仙女的意思。

在半山腰上，有一处巨大的平台，这是历代达赖观赏歌舞的场所，名为"德阳厦"。由此处扶梯而上经达松格廓廊道，便到了白宫最大的宫殿——东大殿。

 活 动

藏式建筑属于下面的哪一类建筑形式？选一选。

☐垒式建筑　☐平顶碉式建筑　☐碉楼式建筑　☐窑洞式建筑　☐井干式建筑

仰慕着高高的白墙，虫儿想，这白色圣殿的外墙怎么永远不变色呢？难道要经常粉刷？——想到这是圣洁之地，虫儿赶紧做了一个叩拜的姿势，心里也默默地祈祷着。布达拉宫是世界上海拔最高最雄伟的宫殿，一旦你靠近它，必定会对这座依山垒砌、历史悠久的古建筑产生强烈的敬畏感。

此时此刻，步入宫殿，虫儿自然不会放过一丝一毫了解这座神秘建筑的机会。瞧，他正凑在导游身边听得入迷呢！关于西藏，还有一个美丽的传说。

很久很久以前，有位陌生的老人在街头告诉一位男人，他前世没有修足情道，落不了俗，他的根必将落入西藏布达拉宫，再次修行才能得到真爱。

他不相信。终于，他遇见了一个女子，可是果然如那位老人说的，他上心了，女子却不在意，他努力了，女子还是不上心。

他相信了老人的话，去了西藏布达拉宫。女子却幡然醒悟，追到布达拉宫。他却已落发遁入佛门。

坚固的结构、华丽的造型

布达拉宫是汉藏建筑艺术交流融合的结晶，它的外墙均由花岗石块砌成。工匠们先将石块根据大小和形状分类，然后按照一层大块石、一层片石、一层碎石和一层夯土的次序来垒筑。每道墙都设有内外两层，在两层墙体中间塞上泥和草，就可以保温隔热，形成冬暖夏凉的建筑。

屋顶和窗檐用木质结构，飞檐外挑，屋角翘起，铜瓦鎏金，用鎏金经幢、宝瓶、摩蝎鱼和金翅乌做脊饰。闪亮的屋顶采用歇山式和攒尖式，具有汉代建筑风格。

屋檐下的墙面装饰有鎏金铜饰，形象都是佛教法器式八宝，有浓重的藏传佛教色彩。柱身和梁仿上布满了鲜艳的彩画和华丽的雕饰。内部廊道交错，殿堂杂陈，空间曲折莫测。

↓布达拉宫（局部）

女子便在布达拉宫匍匐祷告，一步一跪膝，三步一叩头，叩得满头满脸是鲜血，跟盛开的玫瑰花一样灿烂。他终被感动，跟随女子回到了尘世间。

这就是关于六世达赖喇嘛仓央嘉措的传说。眼前的德丹吉殿曾经是六世达赖喇嘛仓央嘉措的寝宫，也是布达拉宫里唯一保留有他遗迹的地方。

据说，仓央嘉措十四岁时就入主布达拉宫，传闻他始终未能忘情于世俗生活，并以亲身感受创作了大量诗歌，被誉为"情歌圣手"，是一位向往世俗生活、离经叛道的情僧。

在布达拉宫后龙王潭的精美楼阁里，他曾邀集拉萨青年男女一起唱歌跳舞。在阁楼中他结识了一位来自琼结的姑娘——达娃卓玛，并与她相知相爱。在他们热恋的时候，达娃卓玛突然再也没有来约会。原来达娃卓玛被父母带走了。仓央嘉措好似丢了心爱的珍宝，在失魂落魄的时候，写下了一首在西藏家喻户晓的民歌："请不要再说琼结琼结，它让我想起达娃卓玛。达娃卓玛，我心中的恋人，难忘你仙女般的姿容，更难忘你迷人心魄的眼睛。"

康熙四十五年，仓央嘉措被西藏的政教斗争殃及，被清廷废除，解送京

↑宫殿　　　　　↑金顶上的饰物

活动

右图中的两座建筑和布达拉宫有什么异曲同工之处？它们坐落在哪里？写一写。

↑须弥福寿之庙　↑普陀宗乘之庙

高超的建筑艺术

布达拉宫是历经不同时期建造的恢宏建筑群，它十分巧妙地利用了山形地势修建，使整座宫寺建筑显得雄伟壮观，而又十分协调完整，是建筑创造的天才杰作。

布达拉宫现存的设计、材料、工艺、布局等均保存自公元7世纪始建以来，历次重大增扩建和重建的原状，真实性很高。布达拉宫的各部分的设计、雕刻、彩画等都达到了很高的艺术成就。

布达拉宫的宫殿布局、土木工程、金属冶炼、绘画、雕刻等方面均闻名于世，体现了以藏族为主，汉、蒙、满各族能工巧匠高超技艺和藏族建筑艺术的伟大成就，也是中华各民族团结和国家统一的铁证。布达拉宫是数以千计的藏传佛教寺庙与宫殿相结合的建筑的最杰出的代表，在世界上也是绝无仅有的。

城途经青海湖时，夜中遁去，不知所终。

众游客听着这个凄美的爱情故事，皆摇头或哀叹表示惋惜，淘气的虫儿也边听边看，还没等导游姐姐说完，却嘀咕了起来："好多壁画都裂开了，还鼓起来了呢。"

虫儿的"嘀咕"可不小声，导游姐姐听见，一愣一尴尬之间，眉头微皱，略带痛心地说："是的，布达拉宫内，多处绘有精美壁画的墙壁因为年深日久，游客不够

↑松赞干布等塑像　　↑观世音菩萨像

↑达赖喇嘛的灵塔　↑乾隆皇帝御书"涌莲初地"匾额

活动

在西藏，红黄两色是宗教专色，只有寺庙、活佛的驻锡地和高僧大德的寓所才有资格"身披黄色的外衣"，一般民宅、村居的墙壁则常以白色粉饰。为什么红黄两色在西藏拥有如此特殊的地位？它们在藏传佛教中扮演着什么样的角色？查阅资料后说一说。

爱惜等原因都已经酥碱开裂了，壁画的基层地仗与墙体逐渐分离，在许多地方导致壁画膨胀起鼓，甚至剥落。而且由于布达拉宫建在陡峭的红山上，许多殿堂从山腰建起，所以维修难度特别大，即使修缮过后，也无法恢复到最初状态了。"

抬眼远眺，拉萨河像玉带一样围绕着拉萨汩汩流过，远处群山起伏，大、小昭寺香烟缭绕，古老而又现代的街道纵横交错。蓦然回首，布达拉宫沐浴

阿嘎地和白玛草墙

布达拉宫的主要建筑材料是石头和木材，还有两种西藏独有的材料——阿嘎和白玛草。

阿嘎是一种风化石，似土似石，主要用来做地坪。用阿嘎做的地面称为阿嘎地，坚硬、平整、光洁。阿嘎地打制特别费工费时，只有寺庙和一些贵族家庭才用得起。

在西藏，无论是布达拉宫的女儿墙，还是寺观宫堡的檐下，都有一层如同用毛绒织就的赭红色的东西，这就是白玛草墙。白玛草是一种柽柳枝，晒干去梢剥皮后，用牛皮绳扎成拳头粗的小捆，整齐地堆在檐下，就像在墙外又砌了一堵墙。然后层层夯实，用木钉固定，经过藏药浸泡，再

↑红色白玛草墙

↑阿尔嘎夯实的地面

染上颜色。白玛草墙可以减轻建筑顶层墙体的分量，还有庄严肃穆的装饰效果。

活　动

布达拉宫还有一些附属建筑，你知道是哪些吗？选一选。

☐朗杰札仓 ☐僧官学校 ☐僧舍 ☐雪城 ☐西藏地方政府的印经院 ☐监狱

☐马厩 ☐龙王潭

藏式民居建筑

在藏语里，"崩"是"木头架起来"的意思，"科"是"房子"，"崩科"就是"木头架起来的房子"。著名的道孚"崩科"建筑材料原始古朴，细部装饰精美豪华，建筑选址因山就势，堪称民族建筑的经典。

崩科式建筑是以圆木做整体骨架，以泥土或片石筑墙，以桦树皮或硬杂木条垫底并铺"阿嘎土"夯实，屋顶经日晒雨淋绝不漏水且经久耐用。

建房时，地基选择依山傍水，坐西向东。房高一般约为5～8米，二至三层，白墙红壁花窗，"品"字滴水檐。屋架门窗裸露处以色土染色，防腐防蛀，美观大方。

在阳光下，被阳光染上一层金色，却增添了神秘气氛，显得更加巍峨壮观。

转眼，虫儿和爸爸在这儿的行程就要结束了。面对此情此景，虫儿情不自禁挥起稚嫩的小手，轻声道别："拜拜，布达拉宫！下次再见！"

爸爸微笑着不作声，他也在心里想着：再见了，世界屋脊上的美丽明珠！望下次再见你时，依然动人！

↑崩科式建筑

建筑的内层结构均以木材为唯一的建筑材料，房屋的大小以"空"为单位计数，即四柱之间为一空，一空约为25平方米。民居小者十余空，大者达八十余空。

 活 动

下面是藏传佛教格鲁派六大寺庙，查一查，这些寺庙在建造方面有什么共同特点？

□扎什伦布寺　□拉卜楞寺　□甘丹寺　□色拉寺　□哲蚌寺　□塔尔寺

12 一路信天游之窑洞

　　从西安到延安，沿着高速公路一路奔驰，三个多小时，便从关中平原来到黄土高原。

　　一路奔波在黄土高坡上，爷儿俩感受到了黄土地历经的千年沧桑，放眼望去，千沟万壑，黄土漫漫。公路两旁有大片大片的苹果园，果树上挂满了红彤彤的苹果，煞是可爱。

　　耳边响起了信天游的歌声，看着豪放粗犷的西北人创造的极具黄土高原特色的"黄土建筑"——窑洞，爷儿俩仿佛嗅到了浓郁的陕北风情。

　　虫儿还是第一次来黄土高坡体验质朴的民风，聆听黄土高原上的窑洞诉说沧桑。

　　下了车爷儿俩顺着土路向前走，一路都是没过脚背的黄土，厚厚的，踩上去悄无声息，腾起一阵尘土，一眨眼的工夫，鞋子都变成灰黄色的了。

　　很快，爷儿俩到了目的地。放眼看去，小山村有很多窑洞，高低错落。这些窑洞对只去过度假村而没有去过陕北农村的"城里人"来说，既神秘又新奇，充满了无穷的吸引力。

村边种着绿色的玉米，家家户户都种着枣树。每层窑洞的前面，都用土铺成了一片平地。

"爸爸，这是窑洞的阳台吗？好宽敞呀！"虫儿东张西望，在这种九曲回廊似的窑前平地上，几棵树结满了乒乓球般大小金黄的柿子。

院子宽宽敞敞，干干净净。石磨石碾，猪圈牛棚，架上一堆堆的黄玉米，地上一片一片的红辣椒，浓浓的黄土高坡风情扑面而来。

穴居与窑洞

窑洞是中国五大传统民居建筑之一，是在黄土高原特殊的地质、地貌、水文、气候及其传统古文化等多种因素影响下，经过数千年的发展演变而逐渐形成的穴居式民居建筑。目前中国的窑洞民居大致集中在晋中、豫西、陇东、陕北、冀西北这五个地区。

黄土高原土层厚实、地下水位低，在这样的地势条件下挖窑洞作民居，不仅冬暖夏凉且不破坏生态，也不占用良田。窑洞拱顶式的结构符合力学原理，顶部压力一分为二，分至两侧，重心稳定，分力平衡，具有极强的稳固性。

窑洞一般有靠崖式窑洞、下沉式窑洞、独立式窑洞等形式，其中靠崖式窑洞数量较多，下沉式窑洞历史最久。

靠崖式窑洞又称靠崖窑，就是利用天然土壁挖出的券顶式横穴，可单孔，可多孔，还可结合地面房屋形成院落。

下沉式窑洞又称地坑院、地窖院、暗庄子，即在平地上向下挖深坑，形成天井式四方宅院，然后在坑底各个方向的土壁上纵深挖掘窑洞。

独立式窑洞又称锢窑，是在平地上以砖石或土坯按发券方式建造的窑洞，券顶上敷土做成平顶房，以作晒晾粮食之用。

↑崖窑

↑地坑窑

↑锢窑

一条大黄狗冲着他们汪汪叫，吓得虫儿赶忙躲到了爸爸身后，主人慌忙从窑洞出来迎接。

近看窑洞，最讲究、最漂亮的是窑洞的窗户，拱形的洞口上木线格拼成各种好看而又简单的图案，上面还贴着大红色的窗花。

走进窑洞更是别有洞天。更不可思议的是，这么大的窑洞竟然没有一根柱和梁，窑洞里很是凉爽。

炕上有花花绿绿的炕围子，铺着白净的秸秸皮席子，上面还铺着羊毛毡子。柜子、箱子、米囤，摆放有序。锅台用瓷砖砌上了小花朵。

爸爸赶紧考了考虫儿："还记得无梁殿吗？虫儿，看看这顶，似曾相识吧。"

"爸爸，你不是告诉过我这是利用拱券结构原理嘛，道理和桥梁下面的拱形洞是一样的。"虫儿抢着回答。

顺着"之"字形的小路，爷儿俩沿坡而上，黄土小路上隔不远就有一道突起的石棱，雨雪天踩到上面能够防止滑倒。

虫儿走在上面很费力，爸爸的大手紧紧地牵着虫儿的小手。

活 动

"凿穴而居"在世界其他国家也有很多地方出现，看看下面的图片，你知道这种建筑出自哪个国家吗？现代还有喜欢穴居的人吗？他们的生活是什么样子的？写一写。

↑伊朗古崖居

↑古崖居

↑北非穴居

窑洞的建造

窑洞多修在山腰或山脚下的向阳之处，饮水、田地灌溉都方便，称为"水食相连"之地。

土窑洞很容易刨挖。一般先剖开崖面，然后开一个竖的长方形口子，挖进去一两米以后，便朝四面扩展，修成一个鸡蛋形的洞，再用宽锨刨光窑面，抹上粘泥，并用柳椽支撑。土窑洞冬暖夏凉，修造容易，但窑内墙壁难以粉刷，窑面子容易风化雨蚀，山崩土陷易坍塌。为了弥补土窑洞的缺憾，于是就有了石窑和砖窑，最美观且牢固的是石窑。

窑洞的门窗多用柳、杨、榆、椿之木。窗棂或曲或直，或长或短，或横或竖，或斜或正，曲直交错，长短相间，构图或古朴典雅，或新颖别致，贴上白格生生的窗纸，红格艳艳的窗花，多姿多彩。

爷儿俩爬上爬下，在夕阳余晖下，很快就热出一身汗来。

不远处也有两个淘气的男孩正顺着笔直的两人高的墙徒手往上爬，身手之灵敏，怕可以和特种兵比一比。远远望去，虫儿和爸爸笨拙的身影里倒显出一丝可爱来。

夕阳衔山，缕缕炊烟从山头袅袅上升，

↑石窑

↑砖窑

↑土窑

活动

黄土高原的千沟万壑中错落着各式各样的窑洞：接口子窑、薄壳窑、柳把子窑、土基子窑、地窨子窑等等。修窑是一家中的大事，一般有下面一些工序，你知道他们的顺序吗？排一排。

☐做窑腿　☐挖地基　☐过窑顶　☐拱旋　☐合龙口

☐倒旋土　☐做花栏　☐垫垴畔　☐安门窗　☐盘炕　☐砌锅灶

群群牛羊从山上缓缓回圈。"日之夕矣，牛羊下来"，一幅恬静的田园图画。

"到了！"爸爸气喘吁吁，虫儿也跟跟跄跄。哈，这"最后的晚餐"是到村主任家蹭饭来了呀！

村主任家的窑洞很是讲究，挂一条棉门帘，小块的花布拼成菱形图案，颜色鲜亮，门楣上贴着红色的对联、窗花和福字。爸爸走进院子，仔细地打量着四周，感叹这个窑洞，还真是从山体里掏出来的！

窑洞的变迁

旧时，一孔窑洞一般由三部分组成，一是窑洞子，二是窑间子，三是生活设施炕和灶。一进门排有大炕，是主人休息或待客的地方。炕的另一面砌一个土棱或栏杆，以防人和物从炕上掉下去。厨灶在窑的最里边，锅灶与土炕相连。

当代，憧憬着"三孔石窑一院墙，有吃有穿光景强"的黄土高坡上的人把窑洞装扮得愈加美丽。一院窑洞一般修三孔或五孔，瓷砖贴面，油漆门窗，窑里窑外，装饰一新。客厅、卧室、厨房、卫生间、自来水应有尽有，宽敞漂亮，干净舒适。一般中窑为正窑，有的分前后窑，有的一进三开，有的用木料、石料在窑前形成走廊，更加美观实用。

↑大夏国统万城遗址的窑洞

↑早期的三孔窑洞

↑现代的五孔窑洞

活动

窑洞在人类生存环境和生活方式中具备许多优点，你知道有哪些吗？选一选。

☐保温隔热　☐冬暖夏凉　☐空气新鲜　☐和谐　☐施工简便
☐造价低廉　☐节省耕地　☐保护环境　☐益寿延年　☐防风防火抗震

虫儿也打趣地问："村主任爷爷，您家这房子，是挖出来的吗？"村主任大爷一听便乐了："哈哈！不从山里挖出来，还叫什么窑洞？"

窑洞里飘出了小米和辣子的香味，远处还飘来了隐隐约约信天游的调子声。米酒油馍木炭火，团团围在炕上坐，大家一起吃上了。

夜晚住在窑洞的虫儿闻着泥土的芳香，望着艳丽的窗花，进入了梦乡。

"五谷子青苗子数上高粱高，一十三省的女孩儿数上兰花花好。提起家来家有名，家住在绥德三十里铺村。"哼着信天游的爸爸牵着虫儿赶往下一站。今天要去参观神奇的天井窑院。

一座高大的城门楼矗立在一片空地前，登上城楼可以四面眺望，南面沟壑纵横，雾气朦胧，林木苍郁。近处一片平原上，稀稀疏疏长着树木，地面十分平整。一个个方坑星罗棋布，这就是神秘的地坑院了。

地坑院

黄土高原上还有一种神奇的建筑形式，叫作天井窑院，又称地坑院、地阴坑、地窑，是古代人们穴居方式的遗留，被称为中国北方的"地下四合院"。这种"平地挖坑，四壁凿窑"的独特民居形式已有几千年的历史，在陇西、晋南、豫西等地均有分布。

地坑院是在平整的黄土地面上挖一个正方形或长方形的深坑，做成一个天井，然后在坑的四壁挖若干孔窑洞，窑洞对称排列，多为8孔、10孔。其中一孔窑洞内有一条斜坡通道拐个弧形直角通向地面的通道。地面的四周砌一圈青砖青瓦檐，用于排雨水，房檐上砌拦马墙。

窑洞分为主窑和偏窑，还有厨窑、牲口窑、

↑地坑院

↑地坑院出入口

"远望不见村庄，近闻吵吵嚷嚷，地上树木葱茏，地下院落深藏，见树不见村，见村不见房，闻声不见人"，这是进入天井窑院的第一感受。

据说居住在这样的窑洞里，冬暖夏凉、挡风隔音、防洪抗震，真是奇妙的创造，令人赞叹。

蹦蹦跳跳的虫儿转眼间就从地坑院的入口通道下到了院子里面。院子很整洁，四面的窑洞很有韵味。角落里有个小窑洞，淘气的虫儿顺着小窑洞钻到了另一个院子，急得爸爸站在窑顶上只喊他别乱跑。

青砖满地的院子里面满是黄澄澄的玉米串，红灿灿的辣椒串。院中间还有一棵石榴树，上面开满了花儿。

仰头望，窑顶上有一堆堆的麦秸垛，在蓝天白云的黄土地上鲜艳夺目。

在一座小窑洞下面还有一口水井，女主人正在摇着辘轳把儿打水。青砖装饰的窑腿，红色花格的门窗既朴素又蕴含着灵秀之美。

窑洞的墙上挂着一辫子一辫子的大蒜，墙角下摆着各样的农具，虫儿一样也不认识。窑洞里的老奶奶正在做午饭。大柴锅里咕嘟咕嘟的，屋里飘满了肉香，老奶奶正在饼铛上烙着馍，对面的小姑娘拉着风箱。

茅厕、门洞窑等。主窑比偏窑略高，安一门三窗，偏窑安一门二窗。窑洞拱形一般分为半圆形、尖拱形及抛物线形，用青砖装饰。有沿拱形结构砌筑青砖，这样可以揭示其结构形式；也有沿门窗周边轮廓砌筑饰的；还有对窑畔、窑腿的装饰。

活 动

人住在坑里生活，排雨水和生活用水是个大问题，你知道他们是如何解决的吗？选一选。

☐挖水窖存水　☐挖渗水井　☐植树造林　☐做排水渠　☐用水泵排水

窑居古村落

姜氏庄园设计奇妙，工艺精湛，布局紧凑，自上而下，浑然一体。设计巧妙，施工精细，布局紧凑，浑然一体。四周寨墙高耸，严于防患。三院暗道相通，相互通联。庄园的主体建筑为陕西地区最高等级的"明五暗四六厢窑"式窑洞院落。它是全国最大的城堡式窑洞庄园，也是汉民族建筑的瑰宝之一。

师家沟古村落建筑群建在三面环山的黄土山坡上，布置在三个不同高度的台地上，以风车状围绕村中心广场，整个村落建筑群以四合院、二重楼四合院，三重楼四合院为主体，大小31个院落。院落主体建筑以砖拱窑为主，窑顶建房。有效地解决了由于地形限制对扩建宅院的需求，是非常丰富的山地建筑经典之作。

师家大院集砖雕、木雕、石刻艺术为一体，现存的门额、门匾、木刻牌匾153处、砖刻牌匾47处。这些雕刻精致细腻，艺术精湛。

中午饭是大碗菜、玉米粥和白面馍，十个大碗，虫儿也不知道叫什么名儿，就知道低着头吃。最喜欢吃的是条子肉，色泽红亮，肥而不腻，透着古老乡土菜浓浓的味道。

体验了黄土高原上父老乡亲酸甜苦辣、有滋有味的生活，爷儿俩决定第二天再去看看古老的窑居村落。

↓姜氏庄园

↑师家沟古村落

活动

中国建筑尊崇"天人合一、师法自然"的传统文化理念，靠山筑窑洞，临街建楼房，濒河设码头，据险垒寨墙。你心目中的生态建筑是什么样子？把它画下来吧。

13 大户人家

　　刚从汾西的师家沟出来，爷儿俩就盘算好了，要去山西平遥古城和祁县的乔家大院看看，于是坐上火车直奔平遥。下了火车，打个小车不一会儿就到了平遥古城的城墙下。

　　斑驳的砖墙，威严的城墙，光是看上一眼便暗生一些敬畏。走进城西边的凤仪门就仿佛钻进了时间隧道的洞口，爷儿俩完全置身在古代汉民族城市的建筑、经济文化氛围中，仿佛时光倒流……

　　上到城墙上，虫儿还发现了一处被古炮轰过的巨大弹坑，也不知道这座古城经历了多少沧桑，究竟有多少的故事。

　　站在城墙上远眺整座城，中线是贯穿南北的明清一条街，两边错落着院舍，树木渲染着生机，砖瓦低吟着历史，街巷贯穿着古今。

　　平遥古城民间又叫"龟城"。据说是因其方形的城墙形如龟状：六座城门南北各一、东西各二。南门为龟首，北门地势最低为龟尾，东西四座城门是龟的四肢。城内四大街、八小街、七十二条胡同构成龟甲上的八卦图案。

　　明清时期，这里的商家荟萃，人民生活颇为富庶，住宅建筑也就颇为讲究。

市楼为城的中心，南大街为中轴线，形成"左城隍、右县衙、左文庙、右武庙、东道观、西寺院"的对称布局。整座城池又是由城墙、街道、店铺、寺庙、民居组成的一个庞大的古文物建筑群。

走在青石板路上，街道两边都是老房子。有的人家大门前有宽宽的石阶，有的门前还有一对威风凛凛的石狮子。门楣上除了厚实的匾额外，装饰着精美的石刻砖雕，高高的大门楼的对面还有青砖影壁。

平遥的城墙、街市、票号、镖局、当铺、道观、庙宇、县衙署……每一处虫儿都想好好参观。

漫步狭窄的街巷间，虫儿不由得去抚摸斑驳的砖墙，一层薄薄的黄土，更让斑驳的砖墙平添了一些古朴。依稀有些破旧

山西的四合院

山西四合院规模不一，类型多样，但总的来讲，其基本构成元素主要有：宅门、倒座、院落、厢房、正房等几部分。对于规模较大的多进四合院，各院落间由垂花门或过厅串联。通过这几个基本元素的多重组合，产生了多种合院类型。以一座最简单的坐北朝南的四合院为例，正房面向南方，厢房位于东西两侧，倒座与正房遥遥相对，院子由这四组建筑围合而成。

从传统意义上讲，四合院的建筑取中轴对称，每个独立的院落为一个小四合院，每个院中的建筑，院与院之间都平实、和谐。整个建筑向平面展开，其建筑空间序列重重叠叠、井然有序，形成简洁而富有规则的空间组合。它们的风格以群体的对称、协调、错落、有序来相互辉映，形成整体的和谐之美。

山西四合院↑→

的房屋在诉说它的沧桑，曾经叱咤风云的晋商神话已经烟消云散，现在只能从这些灰黄的建筑中感受到古城往日的荣光。

参观了一天，晚上爷儿俩住宿在"杜老轩"客栈，这是个二层楼的四合院，院门高大。睡在土炕上，抚摸这老式家具，虫儿睡得很香甜。

第二天一大早，虫儿和爸爸就坐上汽车直奔乔家堡，它坐落在美丽而富饶的山西晋中盆地。

虫儿和爸爸加快前行的脚步，不远处，只见一盏盏逼人眼的红，招摇炫彩。爷儿俩终于看到了乔家大院那古老的大门楼。只见黑漆大门扇上镶着一幅鲜亮的铜对联："子孙贤族将大，兄弟睦家之肥。"

抬头望去，大门顶端正中嵌着一块青石，上书"古风"，雄健的笔力承接质朴生活作风，相得益彰，耐人寻味。

高高的顶楼上面还挂着一块匾额，上书"福种琅环"。据说这是八国联军进逼北京，慈禧太后出逃西安途经祁县时，由于"在中堂"捐赠白银并大加侍奉，慈禧太后面谕山西巡抚赠送给乔家的。

大门对面的掩壁上，刻有砖雕"百寿图"，一字一个样，字字有风采。掩壁两旁是清朝大臣左宗棠题赠的一幅意味深长的篆体楹联："损人欲以复天理，蓄道德而能文章"，楹额是"履和"。这与作为巨商大贾的乔家所秉承的"和为贵"的中庸之道是很相宜的。

活动

祁县城里的民居完全具备山西民居的特色，以下三个主要特点都有怎样的意义？连一连。

☐ 外墙高大且无窗 ☐ 肥水不外流的传统理念

☐ 房屋都是单坡顶 ☐ 坎宅巽门之说

☐ 院落东西窄、南北长，院门开在东南角 ☐ 防御外敌

爷儿俩走过那长长的甬道，西边的尽头就是雕龙画栋的乔氏祠堂，与大门遥相对应。

抬头望去，额头有匾，上书"仁周义溥"四字，据说是李鸿章所题。祠堂里原陈列着木刻精雕的三层祖先牌位。

一个一个院子看来看去，满眼都是精美绝伦的雕刻和满是文字却看不懂的匾额。到处都是歇山顶、硬山顶、卷棚顶的房子。接二连三进入四合院、三合院、穿心院，正院、偏院……太多的知识一股脑儿地塞到虫儿的小脑袋

在中堂

乔家大院原名叫"在中堂"。原来，房主人的名字叫乔致庸，庸是中庸，取其不偏不倚，执两用中之意，所以定宅名为"在中堂"。

大院为全封闭式的城堡式建筑群，由6座大的院落组成，共313间房屋，整座宅院占地8000多平方米。三面临街，四周以三丈高的砖墙封闭。院墙上有更楼，眺阁点。居高临下观其大院，赫然两个大大的"喜"字，设计者真是匠心独具。

院子的大门坐西朝东，上有高大的顶楼，中间拱券式的门洞，大门对面是砖雕百寿图照壁。六所大院被一条平直甬道分隔在两侧，甬道两侧靠墙有护墙围台。从东往西，依次为老院、西北院、书房院，南面依次为东南院、西南院、新院。甬道尽头是祖先祠堂，与大门遥遥相对，为典型的庙堂式结构。院中还有主楼四座，门楼、更楼、眺阁六座。

北面三个大院从东往西数，一、二院为三进五连环套院，是祁县一带典型

← 乔家大院

里面，弄得他迷迷糊糊，晕头涨脑的，一时半会儿还真消化不了呢。

太阳当头，爷儿俩走了太多的路，口渴难耐的虫儿和爸爸来到了一处山清水秀的花园大院子中停下来休息。看着那一座座假山、凉亭，弯弯曲曲的小桥，清澈的流水，河里还游着欢快的鱼儿，吹着凉风，听着小溪叮咚的响声，心情越发舒畅，一路的辛苦消失得无影无踪，肚子却开始咕咕叫了。

第二天早上，意犹未尽的爷儿俩而去坐上大巴车，一路直奔山西灵石王家大院而去。

↑在中堂匾

←精致的木雕

的里五外三穿心楼院，里外有穿心过厅相连。里院北面为两层楼的主房，和外院门道楼相对应，宏伟壮观。

南面三院为二进双通四合斗院，西跨为正，东跨为偏。中间和其他两院略有不同，正面为主院，主厅风道处有一旁门和侧院相通。南院每个主院的房顶上盖有更楼，并配置修建有相应的更道，把整个大院连了起来。

乔家大院的建筑极为考究，砖瓦磨合，精工细做，斗拱飞檐，彩饰金装。工艺极为精湛，砖雕、脊雕、壁雕、屏雕、栏雕……以人物典故、花卉鸟兽、琴棋书画为题材，各具风采。

 活 动

查找相关资料，并结合以上描述，请尝试画出乔家大院的平面布局图，感受一下"双喜"图的独特结构。

天空蓝蓝的，虫儿本想山西是产煤大省，空气中就应该总是飘浮着煤渣子的味道，没想到这几天天一直是这样的蓝。

王家大院的住宅群主要是东院高家崖，西院红门堡。高家崖是一个不规则形状城堡式串联住宅群。东门为进出的主要通道，门楼雄伟巍峨，两边各挂一盏大红灯笼，"王府"二字格外引人注目。

步入高墙深院，虫儿感到一种森严的气氛袭上心头。沿着马道，爷儿俩来到凝瑞居大门，木柱上的一副对仗工整的楹联跃入眼帘：

仰云汉俯厚土东西南北游目骋怀常中意

华夏民居第一宅

王家大院是山西最大的一座保存完好的建筑群，是晋商大院的典范，被称作"三晋第一宅"；也是我国最大的民居古建筑群，其建筑艺术和文化价值都堪称中华一绝，又被誉为"华夏民居第一宅"。

王家大院是静升王氏家族耗费半个世纪修建而成的豪华住宅，规模宏大，拥有"五巷""五堡""五祠堂"。其中，五座古堡的院落布局分别被喻为"龙""凤""龟""麟""虎"五瑞兽造型。

↓镂空木雕门

王家大院包括东大院、西大院和孝义祠，总面积34650平方米。大院选址于北傍高坡，南望开阔，高出平地约八九米的台地上，取"虎卧西岗"的含义。整体建筑

↓王家大院宽阔的院墙

屋脊石雕龙↓

沐烟霞帔彩虹春夏秋冬抚今追昔总生情

走进那两进或三进不同风格的四合院内，犹如进了迷宫一般。如若没有熟人的引领，要走出这院内套院的王家大院还真不容易。虫儿紧紧拽着爸爸的衣角，一刻也不敢放手。

登上最高楼层远眺，整座建筑群背山面水，层楼叠院，错落有致，堡墙高筑，四门俱全。

整个东大院层层递升，融南方之隽秀、幽雅、古朴和北方之雄伟、厚重、粗犷为一体，形成别具特色的建筑风格，给人以完美的山庄别墅之感。

出东大院的西堡门，走过一条马蹄形的沟涧小道，就是西大院——红门堡。因堡门为红色，故称红门堡。

红门堡的外墙很高大，用青砖砌筑，堡墙上还有垛口。门外正对堡门的地方，有一座砖雕照壁。堡内南北向有一条主街，将大院划为东、西两部分，

居高临下，依山就势，傍山面水，随形生变，堡墙高耸，层楼叠院，错落有致，气势宏伟，古朴粗犷。大院之内，窑洞瓦房，巧妙连缀，巧夺天工，千变万化。

王家大院与其说是一组民居建筑群，不如说是一座建筑艺术博物馆。它的建筑技术、装饰技艺、雕刻技巧鬼斧神工，超凡脱俗，别具一格。院内外，屋上下，房表里，随处可见精雕细刻的建筑艺术品。这些艺术品从屋檐、斗拱、照壁、吻兽到础石、神龛、石鼓、门窗，造型逼真，构思奇特，精雕细刻，匠心独具，既具有北方建筑的雄伟气势，又具有南方建筑的秀雅风格。这里的建筑群将木雕、砖雕、石雕陈于一院，绘画、书法、诗文熔为一炉，人物、禽兽、花木汇成一体，姿态纷呈，各具特色。

活动

中国传统民居还有"一颗印"式建筑布局，与"四合院"大致相同，只是房屋转角处互相连接而成一颗印章状，这种住宅为木构架式。你能画一画吗？

东西方向各有三条横巷，把大院分割为南北四排。从下往上数，各排院落依次叫底甲、二甲、三甲、顶甲。

花院书斋是主人养心修身、研究学问、探讨知识的地方。看着这古色古香的楼阁，虫儿多想也置身在其中，朗诵诗词歌赋，做一回古代私塾的学生。

离开王家大院，已是夕阳西沉的傍晚。暮霭中，这四合院之"美"，却始终萦绕在爷儿俩的脑中，久久挥之不去。

四合院的建筑特点

木构架庭院式住宅是中国传统住宅的最主要形式，数量多，分布广。这种住宅以木构架房屋为主，在南北向的主轴线上建正厅或正房，正房前面左右对峙建东西厢房。由这种一正两厢组成院子，即通常所说的"四合院""三合院"。

每个四合院的正房必须是单数，盖成三间标准正房，两边各盖半间耳房。正房是父母长辈的居住，东厢是哥哥居住，西厢是弟弟居住，这就叫"兄东弟西"，女儿则被安置在很隐秘的绣楼之上。外院一般是男人们生活的场所，内院为女眷生活的地方，与外院相隔处设有中门也叫二门。这种居住安排不仅显示建筑学意义上的高低有致、层次分明，更体现出中国古代"尊卑分等，贵贱分级，上下有序，长幼有伦，内外有别"的封建礼制。

↑两进四合院布局图

↑三进四合院布局图

 活动

下面是中国最美的十大民居建筑，排一排，哪个是你心目中最美的？

□福建土楼□开平碉楼□晋中王家大院□祁县乔家大院□晋城皇城相府□四川大邑刘氏庄园□安徽宏村□西递村□姜氏庄园□河南康百万庄园

14 悬在空中的房屋

伴随着断断续续的颠簸，大巴车在大山中转来转去，过了一个山口不远，抬头仰望，在半山腰上竟然有一个山洞。再往前走不远，就见与悬空寺相对的恒山山峰上，还有一块平地，隐约还能分辨一些残垣断壁。

不远处高高耸立着一块马踏飞燕的石碑，上面清晰地刻着"悬空寺胜境"几个大字。到此，虫儿知道此行的目的地——恒山悬空寺已经到了，而跟前这座高大挺拔的山就是翠屏山。

拽着爸爸的手，虫儿小心翼翼地走过了石桥，桥下是一条大河。迎面出现了一块大石头，上面写着"壮观"二字。虫儿连忙叫了起来："爸爸，这里有错别字啊！'壮观'的'壮'旁边怎么还有一点呢？"

爸爸乐呵呵地说道："这是诗仙李白题的字。据说初次来到悬空寺的他被建于百丈悬崖上的奇观所震撼，认为这奇景比壮观还要多一点，所以这个'壮观'的'壮'就多了一点！"

路旁的石壁上有太多的石刻，有"空中见佛""悬空寺""悬空阁""腾云皎梦""灰心名利"等等，还有些字虫儿根本就不认识。

放眼望去，赫赫有名的悬空寺就在山谷西侧的石壁上，在翠屏山的映衬下，它显得有些渺小。层层叠叠的楼阁，最高的大殿只有几根细长木柱在下面支撑，寺庙的两部分之间还有栈道相连。寺庙建在巨大的赭黄色岩石下，岩石微微向前倾斜，仿佛随时便会滑落倒下。

原来，浑河河水从山脚下流过，时常暴雨成灾，河水泛滥，人们以为这里有金龙作祟，便想到建浮屠来镇压，于是就在这百丈悬崖上，按

天下巨观——悬空寺

悬空寺又名玄空寺，始建于1500多年前的北魏王朝后期，是中国仅存的佛、道、儒三教合一的独特寺庙群。据说是由一位叫了然的和尚设计建造的。后来辽、金、明、清历代均对悬空寺进行修葺，其建筑特点也时有变化。悬空寺还曾经历过多次地震，却安然无恙。

悬空寺位于山西省大同市浑源县恒山脚下的金龙峡谷内，背依翠屏山，面对天峰岭，悬挂于万丈危岩之峭壁上。上载危崖，下临深谷，背岩依龛，凿石为基，凿穴插架，就岩架屋。古人利用这样的山势，给悬空寺找到了一处天然的屋檐，使它少受风雨侵袭。寺院前面的山峰又起了遮挡烈日的作用。

全寺现存建筑有山门、山神庙、五道庙、土地庙、钟鼓楼、佛堂、大雄宝殿、伽蓝殿、地藏殿、送子观音殿、千手观音殿、雷音殿、三官殿、纯阳宫、三教殿、三圣殿、五佛殿等大小殿阁四十余间。寺门朝南，楼阁面东，南低北高。整个建筑由从南向北呈台阶式的三大部分扩建而成，每部分都有一座三层式的楼阁，内建悬梯连接。

↓悬空寺

道家"不闻鸡鸣犬吠之声"的思想修建了悬空寺。悬空寺建在巨大石壁的凹陷处，风雨和山上的落石根本就打不到它。

爷儿俩顺着左侧的石阶攀登，来到悬空寺的山门前，门前竟还有一座石刻小山神庙。

虫儿站在寺门口抬头向上望，心里在想："小细木棍儿啊，薄薄木板儿啊，能撑住这么多人吗？"虫儿和爸爸从一个小小的门洞钻了进去，顺着钟楼进到一个小院中。

迎面是一座双层楼阁，院内两座危楼对峙，既是碑亭又是门楼。山

活　动

中国的悬空寺并不是山西恒山仅有，最出名的还有六座，你知道它们分别在哪里吗？连连看。

□西山悬空寺　　　　□永泰悬空寺　　　　□西宁悬空寺

□河北　　□浙江　　□河南　　□青海　　□云南　　□福建

□苍岩山悬空寺　　　□大慈岩悬空寺　　　　□朝阳悬空寺

门两侧是两座方形耳阁的钟鼓楼，这是一个标准的寺院布局，第一层是禅堂，第二层是大雄宝殿。

虫儿手脚并用攀上通往二层大雄宝殿的陡峭的木梯，他发现，木梯

危楼高百尺

悬空寺的建筑构造颇具特色，形式丰富多彩，屋檐有单檐、重檐、三层檐，结构有抬梁结构、平顶结构、斗拱结构，屋顶有正脊、垂脊、戗脊、贫瘠。总体外观，巧构宏制，重重叠叠，造成一种窟中有楼，楼中有穴，半壁楼殿半壁窟，窟连殿，殿连楼的独特风格，它既融合了我国园林建筑艺术特点，又不失我国传统建筑的格局。

悬空寺的部分建筑架在桐油浸过防蛀防腐的铁杉木横梁上，另一部分则以岩石为基础。工匠们先在岩石上凿出一个个口小肚大的石洞，放入一个木楔，然后把铁杉木加工成剪刀状的卯眼，再猛力砸进石洞中一半，另一半露在洞外作横梁。当木楔插入卯眼中，榫卯结合，木头一端被撑大，石洞被填得满满的，外面受力越大，洞里咬合就越紧，这样固定的横梁又把压力传到了岩石上，形成牢固的"地基"。这些横梁都用桐油反复浸过，既能防腐又能防白蚁。支撑在横梁下的木柱，据说原本是没有的，是为了让人们放心游览、居住后加的，因此有的甚至可以晃动。当然，这些虚柱不仅仅是作为装饰用的，一旦承重压力增大，它们就起到一柱顶千斤的作用，从而使悬空寺形成一座似虚而实、似危而安、危中见俏的奇特建筑。

↓ 悬空寺近景

上居然有用铁钉组成的数十种莲花状图案，真是惊奇。

爸爸说这有步步登莲，吉祥如意的含义，古代建筑工匠们真的是用心良苦。爷儿俩不禁被这精雕细琢的艺术所震撼，在那万仞绝壁间，好像听到了洋溢着古老文明与现代气息的经典交响曲，甚至感受到了这两种文化之间互相碰撞、结合时强烈的节奏。

顺着石梯登上南楼，主要殿堂有：纯阳宫、三官殿和雷音殿。只见飞檐斗拱，绿色琉璃瓦覆盖，楼内石窟佛像比比皆是，不过虫儿一个也不认识。

虫儿站在三层的楼面上，小手紧紧抓住栏杆，从缝隙中鸟瞰对面的远景。两侧青山侧立，黛色的山峦在水中显出倒影，水色清碧，涟漪累累。

从南楼一层通往北楼一层的石阶路的上面就是空中栈道。沿着窄窄的石梯前行，左边紧贴石壁，右边是低矮的扶手，下面就是悬崖峭壁，直吓得虫儿只能一小步一小步地向前挪动着，久了便腿脚发软，几乎坐到了地上。

上面一层的人踩到栈道上发出"吱吱"的声响，下面的虫儿心惊胆战，生怕楼板掉下来。一阵狂风刮过，吹得这些支柱像拨动的竖琴弦一样不停地抖动，吓得虫儿赶忙蹲了下去。

爸爸悄悄伸出手去摇动柱子，

活 动

应县木塔是中国现存最早的木结构楼阁式高层建筑，举世无双。你知道它匠心独具之处在哪里吗？说说看。

悬空寺是木质框架式结构，依照力学原理，半插横梁为基，巧借岩石暗托，梁柱上下一体，廊栏左右紧连。共同构成了一个有力的支撑体系，保证了楼阁的安全。

木架建筑是由柱、梁、檩、枋等构件形成框架来承受屋面、楼面的荷载以及风力，抗震能力强，墙并不承担房屋的重量，只起围蔽、分隔和稳定柱子的作用。房屋内部可较自由地分隔空间，门窗也可任意开设。水乡、山区、寒带及热带地区，都能使用。木构架的组成采用榫卯结合，木材本身具有一定柔性，加上榫卯节点有一定程度的可活动性，有较强的抗震性。

中国古代建筑惯用木构架作房的承重结构。斗拱是中国木构架建筑中最特殊的构件。

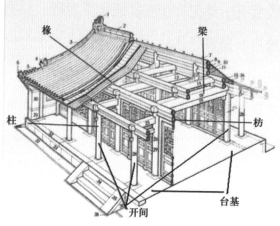

↑古建筑的木架结构

在立柱和横梁交接处，从柱顶上加的一层层探出成弓形的承重结构叫拱，拱与拱之间垫的方形木块叫斗，合称斗拱。一般在非常重要或带纪念性的建筑物上才有斗拱的安置。斗拱向外出挑，把最外层的屋檐挑出一定距离，形成往外伸出的飞檐翘角，深远、壮观，同时为柱子、门窗遮风挡雨。

↑木结构（重庆独柏寺）

↑斗拱飞檐

 活　动

　　徐霞客在《游恒山日记》里对悬空寺写道："西崖之中，层楼高悬，曲榭斜倚，望之如蜃吐重台者。"你知道这句话的意思吗？试着写出来。

竟然发现柱子是活动的，惊呼："虫儿！它能来回旋转！"

穿石窟，步回廊，登悬梯，穿殿宇，左拐右弯，如入迷宫一般。胆小的虫儿，如履薄冰，小心翼翼，腿肚子都发软，他死死地拉着爸爸的手，片刻都不敢松开。

实在爬不动了，虫儿索性一屁股坐在了木梯上，小心地探头向外望，竟有一种如临深渊的感觉，吓得他几乎不敢睁开眼

明月峡古栈道→

↓悬空寺空中栈道

空中栈道

栈道原指沿悬崖峭壁修建的一种道路。又称阁道、复道。中国古代高楼间架空的通道也称栈道。

中国在战国时就已经修建了栈道。为了在深山峡谷中畅通无阻，人们就在河水隔绝的悬崖绝壁上开凿一些方形的孔穴，再在孔穴内插上石桩或木桩。上面横铺木板或石板，可以行人和通车，古人就这样发明了栈道。有的地方为了防止木桩和木板被雨淋而腐蚀，又在栈道的顶端建起房亭，也被称为阁，这就是栈阁之道。

活 动

无限风光在险峰，你知道著名的长空栈道在哪里吗？到底有多惊险，古人是如何修造的？说说看。

长空栈道→

睛。虫儿坐在楼梯上，转过身仔细欣赏起北楼的建筑了。

从北楼的二层可以上到三层或走上空中栈道，这是连接南楼和北楼的一条通道，也是悬空寺奇景之一。栈道的栏杆楼梯异常狭窄，仅能容一人通过。虫儿拽着爸爸的手，小心翼翼地踏上木栈道，慢慢向前挪步，两人都不由自主地向石崖这边紧靠，恨不得贴在崖壁上，又禁不住偶尔偏头斜眼，远望群山，眺望峡谷，心中突突直蹦。

从下面看悬空寺就玄乎，这会儿走在栈道上，真的感到更加恐怖，虫儿的小腿肚子直打颤，下面河谷幽深，怪石嶙嶙，吓得他膝盖打弯，弓着腰在栈道上一点一点往前蹭着走。

终于通过栈道，走上地面，只见前面的石崖上书有"公输天巧"四个字。虫儿不明其意，便问爸爸。

爸爸说："公输就是鲁班，这意思就是说，连鲁班这样的神匠都造不出如此精妙的建筑。"

哆哆嗦嗦的虫儿走出了悬空寺，一缕阳光照射在了屋檐上，古钟发出的"当、当、当"声，随着山风袅袅飘荡。

父子二人再次来到李白的"壮观"二字前久久伫立。再回头远望，依然是那么一幅无声的画卷，虫儿的心中却多了一份自豪和震撼之感。只为古寺之精巧，为先人之智慧，为中华之伟大，为山河之壮美。

15 会走的房子

想到明天就要去大草原了，虫儿激动得睡不着了，脑袋中全是从电视中看到的草原画面。

茫茫的草原，白白的羊群，策马奔腾。虫儿从来没有见过大草原，这次终于可以看到"天苍苍，野茫茫，风吹草低见牛羊"的场景，真的太高兴了。

夜晚，从一开始兴奋地辗转反侧，到之后开始疲倦不堪，伴着点点星光，虫儿慢慢地沉入了梦乡。或许在甜美的梦中，虫儿还徜徉在那辽阔的大草原上。

迎着清晨的第一轮朝阳，爷儿俩踏上了去草原的旅程。初秋的天还是会有些冷，车内的气氛却随着离草原越来越近而几近沸腾。

进入大草原，眼前的景色是一眼望不到边的绿色，天空是湛蓝湛蓝的，一朵朵像棉花似的白云好像随手就能摘到。阳光照在白云上，在草地上投下一个个巨大的阴影。

隔着车窗放眼望去，一望无际的草原上隐隐约约有几匹骏马掠过，白色圆篷的蒙古包给草原增添了几许民族色彩。弯弯曲曲的河流，湛蓝的天空映衬着悠绿草原，一片片盛开的野花，一群群牛儿不慌不忙地在公路旁的水沟

中列队前行。

脚下绿茵茵的草地就像一块巨大的地毯，延伸到遥远的天边。这时蒙古包的主人鄂尔登来迎接他们了。

眼前是一个圆柱和圆锥相接的几何体。圆锥顶端被截去一段，形成一个圆形的天窗。这个天窗可用一根绳子将其打开或关闭，白天打开天窗可以进行通风和日光照射，晚上关闭天窗可使包内保温。包壳从外层至内层分别是由帐篷布、毛毡和棉布构成。

蒙古包的演变

中国北方游牧民族逐水草而居，每年都要多次迁徙。蒙古包的形成和发展经历了漫长的过程，它是包括蒙古族在内的，生活在北方草原的游牧民族富于智慧的杰出创造。中国其他地区的蒙古族，以及东北的鄂温克、达斡尔，西北的哈萨克、塔吉克等民族也多使用类似的毡包。

在汉文史籍中，蒙古包古称穹间、穹庐、毡帐、旂毡等。几千年以来，穹庐历经匈奴以后的回鹘、柔然、突厥、鲜卑、契丹等诸多民族传承、改造，不断完善逐渐演变成为今天这样独特的建筑艺术样式。

在满族祖先女真与蒙古族频繁接触的南宋前后，满语称"家"为"博"，所以蒙古人的家被称为"蒙古博"，取其谐音，慢慢地被叫作"蒙古包"。

←蒙古包

哈萨克毡房→

←鄂温克毡包

鄂伦春族斜仁柱→

活动

用一次性竹筷子代替毡包的骨架，用电光纸做毡包的外面，再用皮筋和胶水等搭建一座个性的毡包，计算一下高度和周长的比例是多少？

蒙古包内铺着木板，木板上铺着地板革，地板革上是叠得整整齐齐、干干净净的被子和枕头。

这时鄂尔登已经为他们准备好了丰盛午餐，手扒羊肉和烤羊排。奇怪的是这些羊肉一点膻味也闻不到。

蒙古包的木架结构

蒙古包是最适合游牧民族生产与生活的居室，是人与环境、牲畜和谐发展的最佳选择。它经得起大自然最严峻的考验。

蒙古包呈圆形尖顶，由圆形围壁和伞状顶架组成，形态构造巧妙利用了受力分解的原理，外面再覆以羊毛毡并用毛绳固定。木制门较小，多向东南开。围壁、伞架均用木杆制成。包顶留有天窗，通气透光。

↑蒙古包的框架结构

蒙古包主要由架木、苫毡、绳带三大部分组成。架木包括套瑙、乌尼、哈那、门槛。

套瑙像一顶圆帽高高地盖在蒙古包的上面，蒙古族人把它看作毡包的首脑。由于套瑙的使用极大地扩大了蒙古包的容积，均衡了受力，使蒙古包更加稳定。哈那是以柳木条用皮绳缝编成菱形网眼的网片。将若干哈那连接成圆形栅框就是蒙古包的墙壁。哈那高低大小均可调节，承受来自乌尼的重力并传递到哈那腿上。乌尼是撑起蒙古包顶棚的长木杆子，呈辐射状斜搭在套瑙与哈那之间。乌尼就是蒙古包的肩，起到上联套瑙，下接哈那的作用。

↑精美的套瑙

活动

蒙古包的拆卸也非常简单，只要将蒙古包的毡和木构件拆下，装上勒勒车就可以出发。你知道搭建蒙古包的顺序吗？排一排。

☐捆绳　☐安门　☐立天窗　☐安乌尼　☐压带子　☐铺地板　☐围哈那

趁着大人们边吃边聊地不亦乐乎的时候，虫儿溜出了蒙古包，他要去大草原上玩玩。门口一个皮肤黝黑与虫儿年龄差不多的小姑娘怕虫儿走失，要陪着他一起去玩。

她领着虫儿来到了一片盐湖，湖面上波光粼粼，却不见一棵水草，水中也看不见一条小鱼，偶尔有几只水鸟从水面掠过。

盐湖边上有一片片白花花的盐渍，上面布满了牛羊蹄子的痕迹。两个小伙伴追逐着羊群围着不大的盐湖跑了一圈，又回到了蒙古包前。蒙古包旁又多了好几辆摩托车。

会走的房子

勒勒车车身小，双轮大，全用树木制成，非常适合在草原上行走。牧人的坛坛罐罐、鞋帽衣物、佛龛经卷、饮水柴薪都放在车上。迁徙途中，就在篷车里休息。十几辆甚至几十辆车组成的长长的勒勒车队伴着牛铃的叮当叮当声一路迁徙。

蒙古包搭盖的地点必须选择距离水草近的地方，其次还要在背风处。夏季要设在高坡通风处，避免潮湿。冬季要选择山弯洼地和向阳之处，寒气不易袭人。蒙古包冬暖夏凉，寒冷的冬季里，裹在包外的厚厚毛毡阻隔冷气与寒风。炎热的夏季时，通体发白的包能较好地反射太阳光。掀起毛毡，空气流通，室内凉爽。

↑蒙古包的结构和外观

←勒勒车队

虫儿走进蒙古包，里面围坐的人更多了，包里散发着浓浓的酒香，已经是欢笑声一片。

一个身着蒙古袍，手持小银碗的姑娘唱着蒙古歌在给客人敬酒，虫儿拿了块手把肉躲到了爸爸的背后。

最后一碗酒是从酒尾开始喝，一个人喝一口就传给下一个，传到虫儿的时候他也偷偷地抿了一小口，辣得虫儿直吐舌头。

夕阳西下，落日的余晖把云彩染成了金红色。虫儿拉着小伙伴，两个人坐到了蒙古包外不远的木板车上。耳旁响起马头琴悠扬的声音，歌声在草原上空飘荡。

再看看残阳下远处大大小小的蒙古包，虫儿的心里升起了不一样的滋味。

故事讲完了，两个人沉默了一会儿，虫儿问道："听说你们经常搬家，哪里的牧草多就去哪里放羊，多美呀，这蒙古包也带着一起走吗？"

太阳终于从地平线上消失，顿时草原失去了一切色彩，星星在天幕上俏皮地眨着眼睛。草原的星星是那样的亮，好像盏盏明灯。

小姑娘给虫儿讲故事，虫儿手托着腮帮子，静静地听。

活　动

一间移动的屋子有多么重要？拥有了它就意味着将带来随时可以回归自然和融入社群的生活。下面图片中都是能"行走"的房子，你认识它们吗？将下面的"房子"与其对应的图片连起来。

□船屋　　　　　　　　□拖车房　　　　　　　　□行走屋

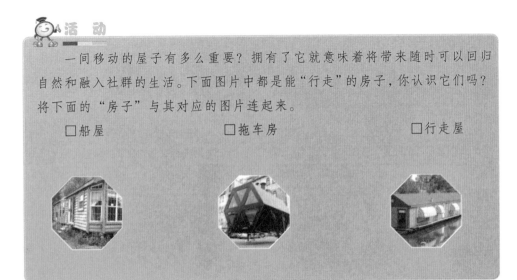

"蒙古包就是我们的家，人去哪，家就要带去哪。"小姑娘自豪地说道。

"哈哈，原来，牛羊走到哪里，蒙古包也跟着搬到哪里，真是游牧民族呀！日出而作，日落而息，好不惬意！听说你们不用钟表也能知道时间，教教我吧。"虫儿请求道。

"听我爸爸说，坐在蒙古包里望太阳和月亮的影子就知道是几点了。"

从匈奴时代开始，蒙古包就向着太阳升起的地方搭盖。计算时刻最标准的蒙古包应是四个哈那，每扇哈那有 14 个头，加起来一共是 56 个头，也就是能放 56 根乌尼。门朝东南开，门头上放 4 根乌尼，总共插 60 根乌尼杆，两根乌尼之间的夹角是 6 度，这样算下来，正好 360 度一圈。太阳一照，就是一个天然的大日晷。

虫儿明白了："蒙古包就是他们的钟表，看太阳和月亮照进来的影子算时间，数天上的星星过日子，多聪明呀。"

躺在蒙古包内地毯上的虫儿数着天上的星星慢慢地睡着了，睡得很香甜，夜里下了

宫　帐

蒙古民族的另一种令世人瞩目的建筑，就是宫殿帐幕。蒙语中的"翰儿朵"是"宫帐、宫殿"之意，翰儿朵（鄂尔多斯）就是"许多宫帐"的意思。宫帐是可汗、盟长为了召开会议、举行宴会、欢迎外宾使节而建造的一种大型蒙古包，高大宽敞，富丽堂皇。

宫帐的造型与蒙古包略有区别。宫帐上面呈葫芦形，象征福禄祯祥，下呈桃儿形，模仿天宫。宫帐金碧辉煌，用黄缎子覆盖，其上还缀有藏绿色流苏的顶盖，极为富丽，充分表现了蒙古民族特有的建筑艺术。

←宫帐式建筑

宫帐→

场小雨他也不知道。

第二天雨过天晴，空气格外清新，草叶儿上沾满了水珠，湖边的草甸子上有牛羊在吃草。

鄂尔登的老伴在门前的炉子上煮着奶茶，烙着圆圆大大的面饼。

老奶奶说："下过雨，草原上会长出很多蘑菇，你们先到后山转转，采采蘑菇，回来早饭就准备好了。"

小姑娘领着虫儿来到了后山的一片草地上。草地里开满了花，虫儿根本就叫不上花儿的名字，五颜六色，争奇斗艳，带着露珠在微风中摇曳。一片草的世界，花的海洋，令虫儿陶醉。

前面的红豆坡的林地上长满白花红果和可爱的红豆。听说红豆可以吃，虫儿立刻摘下一颗放进嘴里，"哎呀"，酸得他直咧嘴。

还有和红豆相伴而生，散发着香水般气味的草叶，小姑娘说，这是驱蚊草。虫儿撸下几片叶子，用手搓一搓，果然香气扑鼻。

远方一棵棵高耸笔直的白桦树像一个个精神抖擞的士兵，守卫着美丽的大草原。

拎着一袋子蘑菇，两个人高高兴兴地往回走。

告别鄂尔登一家，爷儿俩踏上返回的路程。

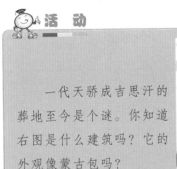

一代天骄成吉思汗的葬地至今是个谜。你知道右图是什么建筑吗？它的外观像蒙古包吗？

回望着一顶又一顶的蒙古包，在茫茫的草原上如同粒粒珍珠闪闪发光。包顶上的缕缕炊烟，轻轻地飘向蓝天，茫茫的绿草地，一群一群白羊点缀其间。虫儿恨不得也放声高歌一曲，纵马一鞭驰骋在茫茫的大草原上。

在无际的草原上，时时会看到用大小石块累积起来的巨大的石堆，上插树枝，树枝上还有五颜六色的彩色布条。爸爸说这是敖包，还有一首很美的歌，叫《敖包相会》，说着嘴里就轻轻哼起来。一匹白马气宇轩昂地站在敖包旁边，毛色光滑，全身雪白，神情俊逸。

汽车已经开出了老远，虫儿还是扭转身子，一直朝后望去，听着爸爸哼出的悠扬曲调，默默地不作声，眼中流露出恋恋不舍的神情。

美丽的敖包

敖包是蒙古语，意即"堆子"，也有译成"脑包""鄂博"的，意为木、石、土堆。就是由人工堆成的"石头堆""土堆"或"木块堆"。旧时遍布蒙古各地，多用石头或沙土堆成，也有用树枝垒成的。筑于山顶丘陵之上，一般呈圆形，顶端插有柳条等，形似烽火台。

早在2000多年前，游牧于北方草原上的匈奴人，就用石头堆成路标或牧场的界标，以此在浩瀚的草原上辨识方向，也可区分游牧交界之所在。后来，游牧民族把敖包当作神灵的住所来祭祀，并以部落为单位筑"敖包"。人们每逢外出远行，凡路经有"敖包"的地方，都要下马向"敖包"祭拜。

↑ 美丽的敖包

 活 动

牧羊人在放牧路过敖包时，总要往上面上添加一块石头，这是为什么？说说看。

16 百年建筑之旅

一条大街，不是很长，每天却游人如织，踏在方石砖上，与历史对话，品味和丈量中西方文化。这条街就是有着"东方小巴黎"之称的哈尔滨中央大街。

北方的夏日天亮得早，当启明星渐渐淡了，金色晨光洒在百年老街的方砖上，暖暖的。

不远处走来大小不一的两个模糊的人影，这便是从北京来的虫儿和爸爸。

随着太阳缓缓地上升，天空变成了宝石蓝色，阳光也变成了金黄色，木栅栏围成的花坛里，花草树木像是在冲你招手，这场景好像一幅绚烂的画卷。

爸爸带着虫儿行走在中央大街的路上，感觉脚下的黑灰色方砖不那么平整。街两旁的欧式建筑在阳光下格外耀眼。有些建筑虽老旧，但却有复古的韵味。

刚到这里的时候，虫儿便对街道上鼓起的小面包一样的青石产生了

兴趣，听爸爸说当年一块小面包石的造价就是一个银圆，顿时觉得脚下踩的不是石头，而是黄金白银了，走起路来不禁高抬腿，轻落步，小心翼翼地。

瞧他走路轻手轻脚的模样，多有意思！百年过后的今天，中央大街

中央大街上的欧式建筑

1898年6月，中东铁路在哈尔滨破土动工。同年秋季，山东、河北数千名筑路劳工落脚在今天的中央大街一带。他们垒泥为墙，束草为棚，于是这条街就有了它最初最形象的名字——中国大街。1925年，中国政府收回了哈尔滨的市政政权，将中国大街改称中央大街。

↑中央大街

中央大街全街区现有欧式、仿欧式建筑75栋，各类保护建筑36栋，其中主街17栋。这些建筑涵括了西方建筑史上最有影响的四大建筑流派。中央大街及其周边共有市级保护建筑36座，其中中央大街上就有19座。

布满中央大街的欧式建筑，五步一典，十步一观。欧洲最具魅力的近300年文化发展史，在中央大街上体现得淋漓尽致，其涵盖历史的精深久远和展示建筑艺术的博大精深，为世上少见。

↓中央大街上的欧式建筑

的路面仍旧干净铮亮，走在上面带不起一丝尘土。

漫步长街，每迈一步，都有一番风景。这里既没有中国古典建筑的飞檐斗拱、红墙绿瓦，也没有古典园林的曲径通幽、九曲流觞。眼前飘过的都是异国风情的房屋，每扇门窗的后面，都别有洞天。

爷儿俩面对面地坐在华梅西餐厅里，听着柔和的音乐，品尝着正宗的俄式西餐，红红的罗宋汤，黄色的罐焖虾，还有土豆沙拉和鱼排。一边吃着一边欣赏着餐厅里面的风光。

楼梯口的两个维纳斯雕像凸显情调，墙角的装饰和金色的廊柱富丽堂皇，墙上的油画表现的是乡间小路，典雅脱俗，更有一番异国风情。餐桌上的台布纹样也是俄式风格，桌上的花瓶和插花，吧台里摆满琳琅的洋酒，虫儿仿佛置身于俄罗斯。

日落西山，华灯初上，透过宽大的玻璃窗，侧目看着熙熙攘攘的人流，还有窗外那些异国风情的建筑，或穹窿突起，或拱券高窗，或高雅古典，或挺拔秀丽。偶尔还有几个白皮肤的美丽俄罗斯姑娘从眼前走过，在这被称为"东方莫斯科"的北方边城，谁又不企盼着天亮后再次欣赏这百年老街的风采呢？

第二天一大早，爷儿俩就急匆匆地出发了。车行了两个多小时便进了哈尔滨郊外的一个俄罗斯族聚居的村落。透过车窗，虫儿惊奇地发现，这儿怎么有这么多木头做的老房子啊？

活　动

最初的中国大街有些地段翻浆严重。每逢春夏之交，路面像海绵一般，车辆走在上面晃晃悠悠的。年年返工，年年翻浆。你知道聪明的中国人是如何解决这个难题的吗？猜猜看。

弯弯的小河从村中流过，一座座庭院被树林掩蔽着，显出一派宜人的田园风光。

爸爸告诉虫儿："这一带的俄罗斯族，有的还修建着传统的俄罗斯'木刻楞'房屋，很有俄式的建筑风格的韵味，有的加上了新的设计，色彩鲜艳，十分漂亮。"

虫儿赶忙问爸爸："什么是木刻楞呀？"

俄式原木屋

"井干式"房屋也称"木楞房"，它由一根根圆木按"井"字形建构成房屋，封闭牢固，适于高海拔地区民族居住。俄罗斯族民间建筑"木刻楞"至今已有百余年的历史，是俄罗斯族农村传统风格的住宅。

这种房子以木材为建筑材料，其墙身全部由原木叠摞而成，每层原木间垫以苔藓。墙体四角是利用牙铆或燕尾槽互相镶嵌连接在一起而形成墙体框架。屋顶用铁皮或用"灯笼板"覆盖。房门均朝北开，南墙尽量多开窗户，这样采光充足。房门外套盖一个小门斗，以防止冬季寒风直接吹入室内。室内装有天棚、地板、壁炉等。

俄式木刻楞的三檐，即房檐、门檐、窗檐是装饰的重点，结合运用了木雕和彩绘等工艺，雕刻图案多种多样，做工精细。"木刻楞"的建筑艺术独具特色，具有美观、结实、冬暖夏凉、防震的特点。

↑木刻楞

↑木刻楞的木墙

房檐、窗檐的精美装饰↑

那些俄式老房子藏在爬着绿色植物的院墙里，隐约看到白、蓝、绿色的线条点缀着的窗户。这种感觉让虫儿好像通过时空的隧道，进入了电影里神秘的魔幻世界。

还未进门，眼前那全木头建造的房子就深深吸引了虫儿。整个房子的外墙全是用一根根原木横着垒叠而成。抬头一看，连房顶也全是木头造的。这些木头都没有经过多少加工，而且根根粗大，直径大约有30厘米，看上去就很结实。

这里冬天严寒，最低气温在-20℃以下。用没有经过多少加工的原木建起来的房子，难道冬天不进风？不冷？爷儿俩不解地和房主聊了起来。

房主是位汉族与俄罗斯族的混血男人。19世纪末至20世纪初，一些俄罗斯人与额尔古纳河这边的中国人结婚，养育了不少混血儿后代。

房主叫爷儿俩仔细看看木头与木头之间还有什么。爷儿俩仔细一看才发现，原来这之间有一种干燥的丝状橙色毛草。房主告诉他们，这种丝状毛草叫"树毛"，它生命力极强，即使是放在干枯的木头之间，只要遇到水汽，仍能生长，并填满空隙，能起到防止房间进风的作用。他接着说，这种木结构房屋当地就叫"木刻楞"。

活 动

生活在北极恶劣气候下的因纽特人赖以生存的住房就是用随手可得的冰雪筑就的冰屋。冰屋全部用冰雪垒成，可以充分利用空气对流和辐射，屋内还能用海豹油取暖。你知道冰屋是什么样子吗？里面又是什么样子呢？先按自己的想象画一画，然后找资料核实一下。

爷儿俩在院子里环顾四周，高低起伏的山峦，丛林密布，就是这些高大挺直的树木为建造这些木刻楞提供了充足的原料。

绕过门庭和围廊，两旁就是卧室和客厅。室内陈设比较讲究，卧室摆放着木床或铁床，铁床栏杆上雕有花草图案，给人以古雅之感。客厅

百年沧桑黄房子 ⌄

哈尔滨南岗区花园街周边地区有 70 栋具有百年历史的黄房子，是哈尔滨市现存唯一一处国内保存较为完整的俄式居住建筑群。它们是早期俄罗斯风格住宅区的典型代表，街道采用俄罗斯早期建筑布局手法。建筑单体是俄式的砖木结构、坡屋顶，是浓郁的俄罗斯庭院式住宅风貌。

↓原中东铁路局副局长官邸

1898 年，沙俄的铁路工程局进驻松花江边的一个小渔村，开始修筑中东铁路。这些"黄房子"是铁路工程管理人员的住宅，全名叫中东铁路建筑群，是全国九大工业遗产之一。

↓香坊火车站

当年黄房子是由俄国人设计的，最初是给修建中东铁路的俄国人居住。房屋采用的钢材和水泥是俄国的，石头和砖都产自当地，1000 多名建筑工人都是来自中国南方的瓦匠、木匠和石匠。

↓圣母进堂教堂

活动

抄写下面的诗句，你知道作者写的是那一段历史吗？

墙灰房老旧城厢，石砌砖雕化外妆。屈辱山河一段路，百年风雨赋沧桑。一纸条约弃甲兵，隐隐钢轨似刀横。江村突起洋楼阁，曾有哭声非笑声。

有个铁皮壁炉，地砖上还铺着一块大大的地毯。虽是艳阳高照的正午，虫儿在屋子里却感到非常凉爽。

在木刻楞中，爷儿俩美美地睡了一宿，第二天一大早，告别房东直奔南岗区花园街，去看看那里的百年黄房子。

来到花园街，看到具有典型俄式特色的门斗，如欧洲古城墙般起伏的砖砌，这一切都令虫儿仿佛置身国外。

街道两旁是参天的大树和盛开的丁香花，一些房子建在路边，一些则掩在树荫里，虽略显沧桑，斑痕累累，却掩不住那与众不同的绰约风姿。

雍容华贵的俄罗斯宫殿

俄式建筑的总体特征是轻盈、华丽、精致、细腻。外观上频繁地使用形态方向多变的曲线装饰。建筑本体以简练浓郁的色彩和冷静的基调为主，如墨绿、宝蓝以及饱满金。室内装修造型优雅，浮雕设计华丽雍容。俄式建筑无不体现着俄罗斯人对艺术的追求以及他们本身热烈的性格。在修建俄式房屋时，天花板、阳台栏杆等处要点缀雕花，再染上天蓝、铁红、邮局绿等鲜亮的颜色。

↓俄式建筑

房屋的外墙，隐约可见当年正宗俄式房屋典型的土黄色。一院两户的独立式房屋，每户门前自带门斗、大门和小栅栏，刻有俄式花纹的大铁拉环木门与屋檐。

院子中树木参天，鲜花遍地，院墙上爬满了青藤，一片生机盎然的景象。

虫儿跟随爸爸进到黄房子里面，那白瓷砖墙、松木地板、俄式小壁炉、花式砖砌窗口，清晰地烙印着百年前的流金岁月。

虫儿好像看到百年前老街上，丁香轻舞、榆钱遍地、四轮马车、阳光咖啡，一片俄国贵族生活的景象。

留下这些老建筑的俄国人来这里做什么？这些老建筑在百年的历史进程中经历了哪些风雨？回去的途中，虫儿的问号一个接着一个，他也隐隐地体会到这是个有故事的小镇。而那些散落在镇子里的黄墙蓝窗，或尖或圆的屋顶下珍藏着多少被遗落的记忆？虫儿期待着爸爸的解答……

 活 动

克里姆林宫位于俄罗斯的莫斯科市中心，是俄罗斯的标志之一。克里姆林宫由一组规模宏大、设计精美巧妙的建筑群组成。你知道都有哪些么？选一选。

□大克里姆林宫
□枢密院
□红场十二使徒教堂
□圣母升天教堂
□天使报喜教堂
□圣弥额尔教堂
□伊凡大帝钟楼
□钟王、炮王、珍宝馆

17 帝王之都

历时了整个暑假的"房屋游"眼见着就要结束，拖着疲惫身躯从哈尔滨回到家里的爷儿俩，还没休息两天却又开始忙碌起来。原来，他们的计划行程还差最后一站——北京故宫，那里虽然离家不过 5 公里，但身为"北京土著"的爷儿俩却是头一回一起前去，还真稀罕了。

"虫儿，今天的主角是故宫，也就是紫禁城，它可是中国现存最大最完整的古建筑群，换句话说，咱们这回要去最气派的明清两代皇宫转转啦。"

来到故宫，经过端门。爸爸笑着说："清代时候，文武大臣上朝觐见皇帝时，要在端门前把自己的官服整理端正，然后才可觐见皇帝。"听到这个解释，虫儿倒也有模有样地整理起了自己的衣服和帽子。"进端门时，摸一摸大红门上的门钉，就能把福带回家。儿子，咱们都去摸一摸。"爸爸带着虫儿边往前走边介绍。

爸爸租了台语音导游机，伴随着拥挤的人流涌入了故宫博物院午门。这个神奇的小机器就像一本百科全书，你一边走它就一边给你讲解，跟身边有个导游一样。

午门的"午"意思是正午的太阳，光芒四射。站在门外，只见高大的城墙上耸立着五座崇楼，楼顶飞檐翘起，如果从空中看，就像五只展翅欲飞的凤凰，雄伟壮观。但午门下熙熙攘攘的游客，又显得午门广场有些狭小。

爷儿俩走的是午门的正门，以前可只有皇帝才可以从正门出入，另外，皇帝大婚时皇后进一次，殿试考中状元、榜眼、探花的三人可以从此门走出一次。

故宫

故宫位于北京市中心，也称"紫禁城"。这里曾居住过 24 个皇帝，是明清两朝的皇宫。

故宫始建于 1406 年，1420 年基本竣工，是由明朝皇帝朱棣组织修建的。故宫南北长 961 米，东西宽 753 米，面积约为 72.5 万平方米，建筑面积 15.5 万平方米，共有殿宇 8707 间，都是砖木结构、黄琉璃瓦顶，青白石底座饰以金碧辉煌的彩绘，是世界上现存规模最大、最完整的古代皇家建筑群。

故宫四面环有高 10 米的城墙，城墙四角有角楼，城墙外有一条宽 52 米、长 3800 米的护城河环绕。故宫有 4 个门，正门名午门，东门名东华门，西门名西华门，北门名神武门。正对神武门的是景山，满山松柏成林。在整体布局上，景山可说是故宫建筑群的屏障。

故宫宫殿沿着一条南北走向的中轴线排列，三大殿、后三宫、御花园都位于这条中轴线上。并向两旁展开，南北取直，左右对称。布局严谨，秩序井然，寸砖片瓦皆遵循着封建等级礼制，映现出帝王至高无上的权威。

↓坐北朝南、中轴对称

活 动

你知道谁是北京故宫的设计者吗？

世界五大宫殿是哪几座？选一选。

☐ 台北故宫　　☐ 沈阳故宫

☐ 南京故宫　　☐ 北京故宫

☐ 法国凡尔赛宫　☐ 英国白金汉宫

☐ 美国白宫　　☐ 俄罗斯克里姆林宫

文武大臣进出东侧门，宗室王公出入西侧门。

往前走就是太和门了。太和门的门前有一对青铜狮子，威严，凶悍，成了门前桥头的守卫者，象征着权力与尊严。皇帝贵为天子，门前的狮子自然最精美，最高大了。东边立的为雄狮，前爪下有一只幼狮，象征皇权永存，千秋万代。

眼前的这条小河，叫金水河，起装饰和防水之用。河上五座桥象征孔子所提倡的五德：仁、义、礼、智、信。整条河外观像支弓，中轴线就是箭，意思是皇帝受命于天，代天帝治理国家。

在太和门两旁还有两道门，是德昭门和贞度门。每逢皇帝出宫，都要在太和门换车。除此之外，只有皇帝大婚的时候，皇后才能从太和门进入皇宫。

细心的虫儿发现故宫各门匾中"门"

前朝三大殿

前三殿即太和殿、中和殿、保和殿，位居紫禁城的中轴线上，是故宫中位置最为突出、体量最大、建筑规制最高的建筑组合体。不仅雄伟壮观，而且皇权象征也达到了顶峰。

太和殿俗称金銮殿，建在高约2米的汉白玉台基上。

中和殿，位于太和殿、保和殿之间，是皇帝去太和殿大典之前休息的地方，也是皇帝接受执事官员朝拜的地方。

保和殿位于中和殿后，其意为"志不外驰，恬神守志"，就是说神志得专一，以保持宇内和谐，才能福寿安乐，天下太平。

活 动

日晷和嘉量并陈于太和殿的殿前，你知道它们是做什么用的吗？写一写。

↑日晷　　↑嘉量

↓太和殿、中和殿、保和殿

字末笔直下至底，怎么都没有向上的勾脚，为什么故意写成这样呢？虫儿不解地问爸爸。

"相传，明太祖朱元璋在南京命中书詹希原写太学集贤门匾，所写'门'字，末笔微微勾起，多疑的朱元璋便大发雷霆说：我要招贤，你詹希原这厮要闭门，塞我贤路！遂下令斩之。所以故宫门匾中的门字没有那个'小脚丫'。"

面前这座宏伟的建筑就是太和殿了，它和中和殿还有保和殿一起，建立在一个土字形的三层台基上。宽阔的广场、蓝蓝的天空，把三大殿映衬得更加威严壮观。

顺着石阶登上太和殿，虫儿已是大汗淋漓，气喘吁吁。

"虫儿，你来看殿中央这个藻井，非常有讲究的。这是由古代'天井'和'天窗'形式演变而来，是中国古代建筑的特色之一，主要设置在尊贵的建筑物上，有'神圣'之意。在藻井中央部位，有一浮雕蟠龙，口衔一球，这个球叫轩辕镜，传说是远古时期轩辕黄帝制造的。悬球与藻井蟠龙联在一起，构成游龙戏珠的

前朝、后寝、左祖、右社

故宫的建造完全按照《周礼·考工记》的"前朝、后寝、左祖、右社"的规格布局。

前朝是指从午门、太和门到太和殿、中和殿、保和殿，是皇帝处理国家大事，朝见大臣的地方。

后寝以乾清宫、交泰殿、坤宁宫后三宫为中心，两翼为养心殿、东六宫、西六宫、斋宫、毓庆宫，后有御花园，是封建帝王与后妃居住、游玩之所。后寝东部的宁寿宫是当年乾隆皇帝退位后养老时修建。后寝西部有慈宁宫、寿安宫等，此外还有重华宫、北五所等建筑。

↑乾清宫

↑交泰殿

↑坤宁宫

形式，悬于帝王宝座上方，表示中国历代皇帝都是轩辕的子孙，是黄帝正统继承者。"

"虫儿，你看咱们老祖宗的设计包含了多少文化内涵呀！"爸爸又问道，"虫儿，你知道这些大缸是做什么用的吗？"

虫儿立即答道："我猜是灭火用的。"

"虫儿真聪明。古人把陈设在殿堂皇屋宇前的大缸，称为'门海'，就是'门前大海'的意思。他们相信，门前有大海，就不怕闹火灾。因此，大缸又称为吉祥缸。它既是陈设品，又是消防器材。当时没有自来水，更没有先进的消防器材。所以，大缸内长年储满水，以备不时之需。"爸爸缓缓道来，"清代时，皇宫里共有308口大缸，分为鎏金铜缸、烧古铜缸和铁缸，其中最珍贵的是鎏金铜缸。不幸的是这些鎏金铜缸都没有逃脱侵略者刺刀刮体的厄运。"

"你知道，这些侵略者是谁吗？"爸爸摸着虫儿的头说。

"是八国联军。"虫儿学会抢答了。

↑太庙（奉先殿）　　↑社稷坛

"左祖、右社"指的就是一进天安门后左右两边的太庙与社稷坛了。东面的太庙是祭祖的地方，西面的社稷坛是祭祀土地和五谷之神的地方。

🧑 活　动

社稷坛中央有五种颜色的土，分别放在不同的方向，你知道它们是怎样设置的吗？连一连。

☐青　　　☐白　　　☐朱　　　☐黑　　　☐黄

☐中　　　☐北　　　☐南　　　☐西　　　☐东

"前面就是乾清门，到了这里咱们就进入内廷了，这是皇帝居住和处理日常政务的地方。两侧有嫔妃和皇子的住所。内廷还有三处花园——御花园、慈宁花园、乾隆花园。"

"走，咱们也去皇帝家中做做客，去逛逛皇家花园吧"爸爸风趣地说。

故宫里景致最宜人的地方应该是御花园。这座明代就建成的宫廷式花园，到现在依然可以让人领略到其华贵端庄而又清幽秀丽的皇家园林风光。松涛竹影，花木扶疏，假山堆秀，碧水成湖，这里是皇家贵室修身养性的佳处。

御花园舒展而不零散，各式建筑，无论是依墙而建还是亭台独立，均玲珑别致，疏密合度，布局紧凑，古典富丽。园内青翠的松、柏、竹点缀着山石，形成四季常青的园林景观。爷儿俩在澄瑞亭里坐下歇息，澄瑞亭跨于水池之上，造型纤巧，十分精美。

小憩中的虫儿托着腮帮问道："爸爸，这故宫怎么到处都雕刻着龙的图案啊？"

真龙天子，九五之尊

龙是中华民族的象征，是一种吉祥的图腾，也是古代王室的标志，皇帝都被称为"真龙天子"。

按照传统的建筑规制，宫室面阔九间，进深五间，屋顶高度为九架梁。整个皇宫共有房间九千九百九十九间半。"九"数字为阳数之最，象征至高无上，天长地久。所以面阔九间、进深五间就成为皇权的象征，称之为"九五之尊"。

↑ 金銮殿的盘龙柱

↑ 梁上的龙

宫中的殿堂、桥梁、丹陛、石雕以及帝后宝玺、服饰御用品等无不以龙作为纹饰。有人计算过，仅太和殿内外的龙纹、龙雕等各种形式的龙就有13844条之多。故宫有宫殿8000多间，以每殿有6条龙计算，就有龙近4万条，

"哈哈，所以说我们是龙的传人呀。曾有细心的人数过，故宫光太和殿就一共装饰了一万多条龙。"

爸爸顿了顿，又滔滔不绝起来："虫儿，还记得咱们经常在电视上看到的皇帝身上那件华美的黄色龙袍吗？其实龙袍上的图案就是以九条龙为主的，这九条龙可有故事了……"

夕阳下的故宫，代表了权威，也充满了神秘。也许，此时此刻最能震撼到父子俩的并不是浩如烟海的宫殿，也不是随处可见的龙腾图案，而是渗透在这座宫殿一砖一瓦、一草一木上的传统文化。

虫儿心里在想：如此浩繁的建筑，主次的分明，左右的对称，秩序的井然，在几百年里历经风雨沧桑，从未有过一丝一毫的改变，真是太了不起了。

宫殿内外，随处可见巧夺天工的设计，从大殿的排序到门户墙壁上的每一处装饰都谨遵礼制，使这偌大的宫殿如一首跌宕起伏的华丽乐章，弹奏不息。

↑屋脊上的龙 ↑门上的龙

如果加上所有建筑装饰和一切御用品上的龙，那就数不胜数了。

活　动

相传龙生九个儿子，九个儿子都不成龙，各有不同。你知道龙的九个儿子分别是谁吗？连一连。龙九子的形象多饰于古代汉族建筑或器物上，你知道它们有什么寓意吗？查阅资料，试着说一说。

| 螭吻 | 睚眦 | 狴犴 | 囚牛 | 赑屃 | 负屃 | 蒲牢 | 狻猊 | 嘲风 |

融合了中国最古老的历史与最具智慧最精彩的建筑，那一砖一瓦一件一物仿佛都在倾诉着明清两朝帝王的辉煌……

走出高大的红漆神武门，已是夕阳西下，残阳如血。虫儿回望紫禁城高高的城墙，忽然想起北方的长城。重读历史，遥想当年，金戈铁马，大清是攻破了明朝铜墙铁壁般的长城入主北京的，风雨飘摇三百年，又是什么攻破了大清坚固的紫禁城……

中国传统木结构营造技艺

中国传统木结构营造技艺是以木材为主要建筑材料、以榫卯为主要连接构件、以模数制为尺度设计和加工生产手段的建筑营造技术体系。这种传统营造技艺以木匠师傅言传身教的方式世代相传，至今已传承了7000余年。由这种技艺所构建的建筑及空间体现了中国人对自然和宇宙的认识，反映了中国传统社会等级制度和人际关系，影响了中国人的行为准则和审美意向，凝结了古代科技智慧，展现了中国工匠的精湛技艺，是东方古代建筑技术的代表。

中国传统木结构建筑是由柱、梁、檩、枋、斗拱等大木构件形成框架结构承受来自屋面、楼面的荷载以及风力、地震力。最迟在公元前2世纪的汉代就形成了以抬梁式和穿斗式为代表的两种主要形式的木结构体系。中国传统建筑最重要的外观特征，也是以梁柱为代表的木结构框架体系，四梁八柱，斗拱飞檐。

↑斗拱　　　　↑榫卯　　　　↑飞檐　　　　↑藻井

活动

你认识右面的玩具吗？它们叫什么？和房屋建筑有什么关系？

18　未来房屋畅想曲

　　窗外,雨后的阳光映出绚烂的彩虹,轻风吹拂下的树叶调皮地起舞,好像在迎接收获的季节。

　　虫儿一家终于迎来了"房屋游"之后的第一个周末。虫儿依偎在妈妈的身边,拿着照片兴奋地介绍着每一处奇妙的房屋,从获奖的央视大楼到神奇的无梁殿,从一脉粉黛的徽派建筑到坚实有序的客家土楼,既有宝岛台湾的日式小屋和北国冰城的俄式教堂,也有趣味横生的蒙古包与悬水而造的吊脚楼……

　　翻过了一座座大山,走过了一座座城镇,看过了一幅幅美景。这些天的"房屋游",就像是一颗颗浓缩的蜜糖,太多的甜蜜要分享,太多的美味值得收藏。

　　妈妈摸摸虫儿的圆脑袋,温柔地问:"去了这么多地方,见了这么多房子,虫儿最喜欢哪个呀?"

　　虫儿嘿嘿一笑:"当然是咱们家啦,还有什么房子能比家的感觉更好呢!"

爸爸问他："为什么呢？"

虫儿脸红红地说："因为爸爸和妈妈特别疼我呀。以后我要建一幢最棒的房子，咱们全家都住进去。"

停顿了一下，虫儿接着说："回来以后，我到网上搜了很多与看过的房屋相关的资料，补充了一些专业的知识，很多在参观时留下的疑问都基本得到了解决。不过，我现在产生了一个更大的疑问，想了很久很久，也得不到答案。"

"什么疑问？"爸爸妈妈异口同声地问。

"那就是未来的房屋会建成什么样？"

爸爸妈妈听了都沉思起来。嗯，这的确是个很大的问题。看过的这

低碳环保的房屋

绿色生态住宅是指消耗最少的能源和资源，产生最少废弃物的住宅。这种住宅具有绿色、生态、节能、低碳、智能和可持续发展等优点。

绿色生态住宅要充分利用太阳能、自然风，充分利用环境提供的天然可再生能源。除此之外，还加强废弃物的回收利用，并减少对周围环境的伤害，达到与自然环境和谐相处的目的。

↑碳中和可持续金字塔生态城

在建筑建材上要使用更有利于人类健康的绿色环保型建材，降低自然资源和能源的消耗。废弃物治理与处置应遵循资源化、减量化、无害化原则，实现居民生活垃圾的减量化、无害化、资源化。

绿色生态住宅要强调与周边环境相融合，和谐一致、动静互补，做到保护自然生态环境。舒适和健康的生活环境，使居住者感到身心健康。如

好些房屋，各式各样，有的历史悠久，有的现代时尚，可是未来会是什么样，谁也说不清楚。

看到爸爸妈妈都不说话，虫儿接着说："所以啊，我这些天还从网上搜了一些资料，原来现在已经有很多建筑师在考虑这个问题，有的画出了想象中的建筑，有的做了较为详细的设计，还有的已经做了一些尝试。你们看。"

虫儿打开电脑，翻出一些图片，指着网络上相关地设计图给爸爸妈妈有模有样地说起来。

还有些是具有独特抗震功能的房子，设计非常特别，能抵抗地球上可能出现的最高级别的地震或海啸。最令人惊讶的是太空屋了，据说是

↑海上浮岛住宅

↑可自行生长的房屋

碳中和可持续金字塔生态城设计容纳700万人，所消耗的大部分能量来自外部的太阳能电池板；海上住宅是漂浮在海上，用太阳能、风能和海水热回收提供能源，不需要另外提供能源动力；可自行生长的房屋是像种庄稼一样，将大型树木和藤本植物交织在一起，随着植物生长而形成的天然树屋。

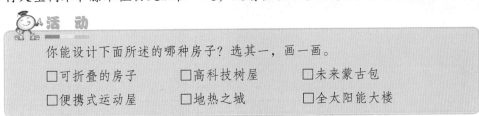

活 动

你能设计下面所述的哪种房子？选其一，画一画。

☐可折叠的房子　　☐高科技树屋　　☐未来蒙古包

☐便携式运动屋　　☐地热之城　　☐全太阳能大楼

为适应人类以后移居到其他星球上生活而设计的，计划在南极洲先进行测试。

这些房屋千姿百态，有的像积木，有的好似蛋糕，奇形怪状。它们是运用一些高科技特殊材料建造而成的，不但结实耐用，并且还有抗噪音、抗紫外线等功能。这些建筑材料全部都是环保型的，砖、瓦已经基本不用了，水泥用得也很少，这些新型的特殊材料必将为未来的建筑发挥巨大的作用。也有很多墙体材料都是用回收的废品经过高科技加工生产出来的，一次成型，铆件连接，具有杀菌调温的功能。住在这样的房子里，不仅冬暖夏凉还有保健功效。

有些建筑还在屋顶设计了太阳能蓄能器，太阳升起来时，接收器把太阳光吸进来，然后储蓄在蓄能器里，在需要的时候再释放出来。在北

抗震性能优越的房屋

为保护南极环境，欧洲航天局基于太空技术设计成功一种太空屋，并有可能成为新的"德国南极站"。无论从安全、环保还是建筑成本方面，都采用了目前建筑技术革新中的前沿科技。

太空屋的结构采用以支柱支撑的球体结构，房屋主体由伸出的支柱支撑起来，可以更好地抵御地震袭击，减少地震、狂风暴雨可能造成的损失。"太空屋"的轻型设计可以使它承受每年深达1米的降雪量而不会陷入冰雪中。

随着科技的发展，有人甚至设想建造用火山供能的抗震建筑。

· 俄罗斯设计的太空屋

风呼啸、寒气袭人的冬天，屋里却温暖如春。

"其实，这些未来的建筑设计，总体的思想是低碳环保。可能是大家都感受到了雾霾、温室效应等带来的危害吧。"虫儿说。

"嘿，没想到咱们的虫儿功课做得很足嘛！"爸爸对虫儿整理的丰富的资料感到十分惊讶，"现在地球正面临着前所未有的生态考验，沙尘暴、雾霾等环境污染不仅影响人们的出行，还威胁着大家的生存。如果能够多建造一些你说的这种房屋，不光节能环保，相信地球母亲也会更加健康的。"

虫儿一本正经地告诉爸爸，他曾经看到一篇文章，里面提到一名设计师用垃圾废物建造住宅。这种房屋不仅能够高效保温，并且还有一个集水系统，用收集的雨水来冲洗卫生间或者洗衣服。这样的话既能节约

↑德国设计的太空屋

↑火山功能抗震建筑

活动

【写一写】世界首富比尔·盖茨的豪宅位于美国西雅图的华盛顿湖畔。它号称是全世界"最有智慧"的建筑物，是"未来生活的典范"。你知道它智慧在哪里吗？写一写。

【头脑风暴】我国的南极泰山站于2014年正式投入使用。假如你是设计者，会给这座科考站设计什么功能呢？快把这些写下来，也许将来你的梦想就能实现呢。

资源，又能废物利用。而这样一些住宅构成的村子或社区，被称为"生态村"。

"其实，20世纪70年代世界环保组织就提出了生态城市的概念，世界上很多国家都做了相关的探索和实践，现在世界上已经建造了很多个生态村或生态城市了，例如，英国贝丁顿生态村、北美伊萨卡生态村、

"零排放"的村子

住宅固有的功能是"挡风遮雨，避暑御寒"，随着时代的发展，科技的进步，发展到现在，住宅又被赋予了一些新的内涵——"节省能源，低碳环保，运行经济，冬暖夏凉，健康舒适"。

世界第一个完整的生态村——英国贝丁顿生态村，位于英国伦敦南部。这里既有公寓又有联排别墅，约有250人在此居住。所有房子的屋顶都种植着一种名为景天的半肉质植物，这种半肉质植物不仅能防止冬天室内的热量散失，在夏天开花时，还能将整个村子装扮成一个美丽的花园。

↑贝丁顿生态村

村子用太阳能电池板为电车和滑行车提供电力，用木材及有机垃圾发电来提供日常生活用电，用发电站产生的热量提供热水用于取暖，收集雨水并净化后用来提供生活及灌溉用水。木头等废物燃烧要释放大量的二氧化碳，那么生态村何以称为"零排放"呢？原来村子周围有很大一片速生林，可以吸收这些二氧化碳。木材厂每年砍伐一小部分树木用来制作家具等产品，废料则送给发电厂。这样，既不破坏环境，又能自给自足。

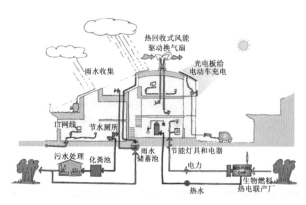
↑贝丁顿生态村运行原理示意图

美国加利福尼亚州索诺玛山村、澳大利亚悉尼白湾生态城、巴西的库里蒂巴、美国的伯克利、澳大利亚阿德莱德、瑞典马尔默、日本北九州、韩国利川市等等。"虫儿很兴奋，绘声绘色，滔滔不绝。

"所以啊，我就想，我也要设计一个生态屋，不但造型美观、经济适用，还要超级节能、实现零排放，并且要和周围环境融为一体，实现与自然环境的和谐共处。这个星期，我已经设计了不少啦！"虫儿一边说着，一边从书桌抽屉里拿出一摞画纸递给爸妈，上面是一幢幢歪歪扭扭、色彩缤纷的房子，有些一眼就能看出是中国传统建筑的风格特点，有些又融入了民族建筑风格的元素，有些又像太空屋一样科幻感十足，还有些实在是奇形怪状，甚至让人觉得很是荒诞，或者说有点超现实主义的味道。

爸爸看着虫儿的"未来之屋"，笑得很开心。他知道，这些设计虽然只是虫儿信手涂鸦，描绘的只是他心中想象的未来房屋，可能童真十足，可能荒诞不经，如果从建筑设计的原理以及实现角度讲，甚至根本不能实现。但这样的一次"房屋之旅"，至少已经让儿子的梦想

活动

【设计】我国部分地区会受到地震以及洪水等自然灾害的破坏。为了保护当地的人们不再受灾害困扰，请你查阅相关资料，为他们设计一套房屋。

【猜一猜】下面图片都是模仿动植物特点建造的，找一找它们分别模仿了什么？你还见过哪些仿照动植物特点建造的仿生建筑？

生根发芽。虫儿用稚嫩小手画出的房子，装满了一个孩子对生活的爱，对未来的期待。

"绿色"的建筑

自然创造了人类，当人们试图改造自然的时候，就必须先研究自然，建筑更是如此，它一定要注重与自然的有机结合。人们从自然中发现规律，并将自然规律与人类意识所产生的物质形态相结合。把自然的规律运用在建筑中，才能创造出有利于生态发展的绿色建筑。

在绿色建筑施工的过程中，对环境应尽量做到不侵害不破坏，实现对环境影响的最低化目标。在保证居住者舒适、健康的前提下，建设期间充分运用最先进的高新环保技术，达到节能、节水、节材、节地的最大化目标。在建设完成后，形成可持续、有活力、能生长、低能耗、少费水的最优化目标。拥有优质、绿色、环保的"和谐之屋"是每一位居住者的期望。

想到这儿，爸爸禁不住也抓起笔，画了起来……

在高山上，在深海中，在森林里，在湖泊边。虫儿明白了，原来，爸爸心目中的"未来之屋"是藏在大自然中的"和谐之屋"呀。

↓生态城市

↑环保树屋

↑漂浮的城市

 活 动

如果未来你成了建筑师，你想建一座什么样的房子呢？它有什么特殊的功能呢？绿色节能环保的房子你会设计吗？画一画。

后 记

　　一个普通的教室，一班平常的学生，所上的课却有着全新的意义。南京市从2009年开始"概念主题式综合实践课程"研究，100多所中小学参与，并于2012年成功编写并出版了两套专用教材。每所参与研究的小学都选择了一个他们熟悉、擅长的主题概念，这是一项教育创新工作。按照计划，每一项课程都将研制一本教师用书和一本学生用书，还预设了特定的教学资源库，并将每一项概念课程初步设计为适合于低、中、高年级学生的综合实践课程。

　　编完《跟屁虫旅行记》这本有关房屋的主题探究指导用书，心中有很多感慨。为编这套书，我们收集阅读了海内外无数房屋建筑的相关知识，选入书中的，只是其中的一小部分。主人公小跟屁虫的故事虽然充满了稚气，但从中表现出的真挚的感情、睿智的见解、瑰丽的想象和灿烂的憧憬，使我们欣慰，也使我们鼓舞。这些蕴藏在文字中的知识和故事，是当今中国少年儿童生活和精神状态的一份渴求，一份对概念主题式综合实践课程的期待。

　　编这套书，是一个规模较大的工程，我们的愿望，是编出一套具有高水平、高质量的教师用书和一本学生用书，为中国的教育事业，为中国的少年儿童做一件实事。我们的想法，得到了社会各方面的支持。在这里，我们特别要感谢南京市小学教师培训中心谷力主任和秦淮区第一中心小学领导，他们的亲切关怀，表现了前辈对下一代的爱心，也使我们增添了信心。

　　参与编写的老师们，都对这套书倾注了很大的热情，大家阅读了不少原本并不熟悉的建筑专业知识，使这套书真正成为一部"概念主题式综合实践活动课程"的实体教材书。中国和平出版社为这套书的编辑和出版投入了大量精力，从出版社的负责人到有关的编辑，都为编辑出版这套书做了很多具体而细致的工作，没有他们的热情支持和督促，要在较短的时间里编辑出版这样一套大规模高质量的书是不可能的。在这里，让我们和读者一起，向他们表示感谢和敬意。

南京市秦淮区第一中心小学

本书编写组

2015 年 8 月

《发现之旅》

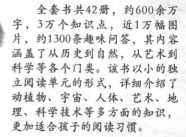

由全球最大的分辑读物出版商之一英国Eaglemoss出版公司先后组织近百名专家参与编写。全球20多个国家销售，总销量近1000万套，堪称世界上发行量最大的科普读物。

★ "十二五" 国家重点图书
★ 全国优秀科普作品
★ 世界顶级图书馆搬回家

全套书共42册，约600余万字，3万个知识点，近1万幅图片，约1300条趣味问答，其内容涵盖了从历史到自然，从艺术到科学等各个门类。该书以小的独立阅读单元的形式，详细介绍了动植物、宇宙、人体、艺术、地理、科学技术等多方面的知识，更加适合孩子的阅读习惯。

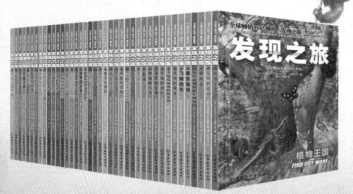

◆ 全套丛书250余万字
◆ 分为8大系列
◆ 有近30000个知识点
◆ 近10000幅图片
◆ 约1300条趣味问答

? 小牛顿
趣味动物馆

★ 全套58册
★ 加拿大国宝级童书

漫画风格的动物科普绘本。
法式幽默的对话+科学知识介绍。
获取了加拿大五大儿童图书奖中的两个：
　　加拿大最高文学奖总督文学奖(Governor General's Awards)提名和克理斯先生童书奖(Mr. Christie's Book Award)！